山东省自然科学基金(ZR2018MEE009)资助
国家“十三五”重点研发计划(2016YFC0801403)资助
国家自然科学基金(51374140)资助

大断面软弱围岩巷道破坏机理及支护技术研究

顾士坦　蒋邦友　詹召伟　王荣超　沈建波　著

中国矿业大学出版社

内 容 提 要

本书针对大断面软弱围岩巷道严重的断面收缩、底鼓等非线性流变大变形控制难题，综合运用力学试验、理论分析、数值模拟和现场测试相结合的方法，对大断面软弱围岩巷道破坏机理及支护技术进行了系统研究。首先，探明了大断面软岩巷道围岩破裂特性，分析了大断面软岩巷道围岩破坏机理；然后，在软弱围岩物理力学特性试验测试和巷道破坏失稳诱因分析的基础上，建立了梯形载荷作用下巷道底板岩层力学模型和顶帮支护结构体力学模型，揭示了大断面软岩巷道破坏失稳力学机制及其控制机理；最后，通过数值模拟对比分析，提出了以锚注为主体的软弱围岩全断面封闭式浅、深耦合注浆加固技术，形成了锚网索梁喷注围岩整体支护与超挖锚注回填防治底鼓的大断面软弱围岩巷道支护控制技术体系，并进行现场试验，取得了良好的现场应用效果，为类似巷道工程提供了参考。

本书可供从事采矿工程、岩土工程、隧道工程等专业的科技工作者、研究生参考使用。

图书在版编目(CIP)数据

大断面软弱围岩巷道破坏机理及支护技术研究 / 顾士坦等著. —徐州：中国矿业大学出版社，2018.11

ISBN 978-7-5646-4248-8

Ⅰ. ①大… Ⅱ. ①顾… Ⅲ. ①大断面巷道—巷道围岩—破坏机理—研究②大断面巷道—巷道围岩—巷道支护—研究 Ⅳ. ①TD263②TD353

中国版本图书馆 CIP 数据核字(2018)第254466号

书　　名　大断面软弱围岩巷道破坏机理及支护技术研究
著　　者　顾士坦　蒋邦友　詹召伟　王荣超　沈建波
责任编辑　杨　洋
出版发行　中国矿业大学出版社有限责任公司
（江苏省徐州市解放南路　邮编 221008）
营销热线　(0516)83885307　83884995
出版服务　(0516)83885767　83884920
网　　址　http://www.cumtp.com　**E-mail**:cumtpvip@cumtp.com
印　　刷　江苏凤凰数码印务有限公司
开　　本　787×1092　1/16　**印张** 8　**字数** 200 千字
版次印次　2018 年 11 月第 1 版　2018 年 11 月第 1 次印刷
定　　价　30.00 元
（图书出现印装质量问题，本社负责调换）

前　言

2017年我国煤炭总产量34.45亿t，约占世界煤炭总产量的44.6%，是世界第一产煤大国，虽经历了3年左右的煤炭经济萧条期，但煤炭总量依然多年保持世界首位。

随着煤炭开采程度的不断加强，受复杂地质条件影响下巷道的支护和维护难度大，特别是高地应力下的软岩大断面巷道的支护控制问题尤为突出。如何更有效地提高支护的效率，降低支护和巷道复修的成本，推动软岩巷道支护技术的进步，是当下煤炭生产中急需解决的问题。

由于软岩的复杂的特性，软岩巷道围岩控制问题一直困扰着我国煤矿安全高效生产。

软岩巷道开挖后围岩变形速度快、变形量大、持续时间长、巷道底鼓严重、稳定性差、极难维护、支护费用直线上升，给煤矿的建设生产造成很大的损失，甚至有些矿区的软岩巷道(断面15～20 m^2)每延米支护成本超过2万元或更高。即使这样，有些软岩巷道还不得不反复维修，甚至停产维修，严重影响了煤矿安全生产和经济效益。

膨胀泥化软岩中掘进巷道，岩层本身难以形成承载结构，强烈的较长时间的持续膨胀变形容易导致锚网索喷等支护体产生较大变形、开裂；传统的架棚支护属于被动支护手段，支护强度低，也难以抵抗此类围岩的持续膨胀变形。

本书针对大断面软弱围岩巷道支护困难的问题，以某矿软岩穿层开拓巷道支护为研究对象，采用理论分析、实验室试验、数值模拟、现场试验等方法，研究了大断面软岩巷道的变形力学机理及加固机理，软弱围岩的物理力学性质及注浆改良的效果，大断面软弱围岩穿层巷道底鼓机理及控制技术，软弱围岩全断面封闭式浅、深耦合注浆加固技术等，形成锚网索梁喷注围岩整体支护技术与超挖锚注回填的底鼓防治技术，并进行现场试验，在现场试验基础上对巷道支护和注浆工艺进行了科学的设计，并对各支护参数进行了合理的优化。

本书的研究工作及出版得到山东省自然科学基金(ZR2018MEE009)、国家“十三五”重点研发计划子课题(2016YFC0801403)、国家自然科学基金

(51374140)的支持。

课题组研究生丁可、李男男、许春兆、和树栋、黄瑞峰、沈腾飞等参与了部分室内试验、数值模拟现场试验测试及排版整理工作，在此表示感谢。本书的研究工作同时也得到济宁矿业集团阳城煤矿有关领导及工程技术人员的帮助，在此一并表示感谢。

受作者水平所限，书中难免存在错误与不足之处，敬请同行专家和读者指正。

著　者

2018年9月

目　　录

1 绪 论

1.1 研究背景及意义

软岩是一种在特定环境下的具有显著塑性变形的复杂岩石力学介质，可分为地质软岩和工程软岩两大类别。地质软岩指强度低、孔隙度大、胶结程度差、受构造面切割及风化影响显著或含有大量膨胀性黏土矿物的松、散、软、弱岩层。工程软岩是指在工程力作用下能产生显著塑性变形的工程岩体。由于软岩的复杂的特性，软岩巷道围岩控制问题一直困扰着我国煤矿安全高效生产，是急需解决的科学技术问题之一。

软岩巷道开挖后围岩变形速度快、变形量大、持续时间长、巷道底鼓严重、稳定性差、极难维护、支护费用直线上升，给煤矿的建设生产造成很大的损失，甚至有些矿区的软岩巷道(断面 15～20 m^2)每米支护成本达 2 万多元。即使这样，有些软岩巷道还不得不反复维修，甚至停产维修，严重影响了煤矿安全生产和经济效益。

随着煤矿开采深度和强度的不断增加，矿井开采条件越来越复杂，受围岩岩性和“三高一扰动”(即高地应力、高地温、高岩溶水压和强烈的开采扰动)的影响，原来坚硬的围岩也表现出软岩的特性。煤矿井下出现了大量支护困难的巷道、硐室，包括深部巷道、高地应力软岩巷道，受强烈动压影响巷道，强风化影响的围岩松软破碎、极破碎巷道，大断面、大跨度巷道、硐室、交岔点，沿空巷道等。这些复杂困难巷道共同的特点是在各种因素如地应力、动压影响、地质构造、成岩作用及岩体成分等的影响下，围岩节理裂隙发育、松散破碎、泥化易风化、变形强烈、破坏范围大，呈流变形态。

煤矿软岩巷道十分普遍，而且软岩工程是影响煤矿生产建设的重要难题，特别是在成煤期比较晚的侏罗系、白垩系、第三系的煤系地层中，泥岩、砂岩、泥砂岩，其成岩时间短、胶结强度低，而且含有膨胀性矿物成分，极易风化泥化。膨胀或碎胀，给巷道硐室支护带来很大的困难。许多软岩矿井巷道由于支护方式及支护参数选择不合理、针对性不强，加之施工岩层松软遭到破坏，出现多次返修现象。不仅延长了工期、增加了工程造价，同时也给煤矿生产带来了安全隐患。随着今后开采深度的不断增大，常规支护 U 方式难以维护巷道稳定，软岩问题将会更加突出，在相当程度上影响煤矿的安全生产，因此，软岩工程的支护研究工作势在必行。

随着我国煤矿开采强度与规模的显著增加，以及现代化综合机械化开采技术的发展，厚煤层综采放顶煤开采、中厚煤层一次采全高的高产高效开采方法得到了大面积推广应用，巷道的断面要求越来越大。回采工作面设备的大型化，开采强度与产量的大幅度提高，为了保证正常生产的运输、通风及行人安全，这些都要求更大的巷道断面。巷道断面的增大显著增加了支护的难度，特别是在软岩煤层及深部矿井条件下，大断面巷道支护困难的问题尤为突出。

某矿－650 m水平南翼3条大巷(南翼回风大巷、南翼轨道大巷、南翼胶带大巷)在同一标高并行掘进,在掘进过程中遇较多断层,造成巷道在掘进施工中在多个软弱岩层层位中穿行,巷道围岩强度低、完整性差,围岩泥化程度高,极易风化、潮解,属于高集中应力泥化软岩巷道。

巷道围岩以泥岩、泥质粉砂岩、细砂岩为主,巷道穿越软弱复杂岩层,施工过程中巷道变形严重,多处片帮、炸皮、底鼓甚至冒顶,架棚段巷道支架受压破坏严重、梁腿弯曲甚至折断,部分地段断面收缩率在80%以上,采用常规的支护方法难以较好控制围岩变形,巷道变形破坏如图1-1所示。针对上述巷道变形情况,矿方曾多次组织过对巷道进行修复加固,但由于缺乏对软岩巷道变形破坏及控制机理的认识,仅根据以往的经验方法进行刷帮、卧底和锚网索配合U型钢棚重新支护,巷道围岩控制效果不理想。随着巷道返修次数的增加,围岩破碎程度逐渐加大,导致围岩逐渐丧失自承能力,修复后的巷道围岩很快又遭到严重的变形破坏,形成了“前掘后修,前修后坏”的恶性循环。

图1-1 南翼大巷围岩变形破坏照片

(a) 大巷整体收敛变形严重;(b) 巷道右帮鼓出;(c) 巷道围岩破碎;(d) 巷道底鼓严重

本书以该矿－650 m南翼大巷支护为主要工程背景,研究软岩巷道破坏失稳及加固支护机理,研发适合复杂条件软岩大巷的支护控制技术,为软岩工程控制设计提供科学的依据,具有重要的理论意义和应用价值。

1.2 软岩物理力学性质研究现状

软岩因其所属地区的不同以及其内部所含矿物组分和各组分含量所占比例的差异性,在外界因素影响下其物理性质(风化效应以及遇水软化、泥化、崩解、膨胀的水理效应等)与力学性质(强度指标与变形指标劣化等)会呈现出一定差异性[1-3]。为此,较多专家与学者展开了大量研究工作，吴道祥等[4]基于红层软岩单轴抗压强度低，且遇水易崩解、软化等物理力学特性，进行浸水崩解水理试验，分析了该类岩层的崩解性能和崩解机制，表明了红层软岩所含胶结物种类以及黏土矿物含量是该类软岩的崩解程度高低的重要内在因素；周翠英等[5-7]根据红层软岩遇水软化的特性，综合考虑该类软岩物理力学特性以及微观结构等试验结果，得到了水影响下软岩的工程特性转变至稳定状态的临界时间。单仁亮等[8]采用X衍射分析、单轴压缩试验以及电镜扫描的试验方法，获得了氧化带软岩具有较高含量的泥质、易受孔隙水软化与风化等物理力学性质。王之东等[9]综合采用电镜扫描、透射电镜以及X射线衍射的试验方法，对泥质软岩巷道围岩的物理化学特性进行了研究。黄宏伟等[10]采用X射线衍射和电镜扫描针对不含蒙脱石泥岩遇水软化期间的微观结构的动态特征进行了研究，得到了泥岩内在的结构特征是其产生宏观软化崩解的本质原因。王振等[11]通过采用矿物成分分析法与物理力学试验，分析了钙质泥岩遇水后的软化、膨胀以及强度与变形参数衰减的特性；杨成祥等[12]利用X-ray技术实时监测水与岩石之间相互作用过程中，泥岩的遇水软化过程中细观结构的演化特征。钱自卫等[13]通过电镜扫描、水理试验以及X射线衍射的试验手段，对煤系软岩的稳定性进行了较深入研究，表明该类软岩遇水崩解的主要因素为其自身的内在结构特征以及黏土类矿物的膨胀作用。

苏永华等[14]基于室内崩解试验，采用分形理论中的分数维作为软解崩解机理的定理表征。王来贵等[15]通过综合运用化学、水泥以及复合改性的方法以从微观角度改变软岩结构，降低软岩遇水软化性质。陆银龙等[16]通过三轴压缩试验获得了软弱泥岩不同围压时全应力应变曲线，定义了广义内摩擦角与黏聚力，分析了两者随围压变化的演化特征，揭示了软弱岩石受力变形特征以及破坏机制。杨志强等[17]通过室内试验，并结合相关理论，对软岩峰后应变软化及渗流特性进行了研究，获得了软弱岩石峰后应变软化渗流机制。李海波等[18]对不同应变速率条件下软岩强度指标与变形指标演化规律进行了研究，表明试样强度指标随应变速率增加的幅度高于变形指标。范秋雁等[19]基于岩石蠕变机制，分别通过单轴无侧限与有侧限蠕变试验以及电镜扫描，研究了泥质软岩蠕变过程中的细微观结构变化特征，得到了泥质软岩蠕变结果是岩石损失与硬化效应的共同作用。闫小波等[20]通过对干燥、饱水软岩的变形与强度各向异性的力学特性进行了研究，结果表明饱水岩石的弹模与单轴抗压强度弱化程度高，泊松比增加幅度大。邓华锋等[21]通过对软岩进行三轴加载与三轴卸载试验，结合两种试验状态下的不同应力路径并引进了半对数法，确定了软岩两种试验状态下抗压强度参数的取值方法。范庆忠等[22]采用三轴流变仪对含油泥岩进行了蠕变试验，对蠕变参数围压效应以及时效性特征进行了研究。王宇等[23]在应力水平各异的条件下，进行软岩轴压恒定、围压分级卸载流变试验，得到了在卸载状态下软岩具有轴向与侧向流变较大且各向异性的特征。陈卫忠等[24]采用现场原位测试方法，获得软岩真三轴状态下的蠕变试验整个过程，探究了软岩蠕变变形随时间的演变规律，表明了泥岩蠕变速率与两方面因素有关:时间和应力水平。郭富利等[25]通过常规三轴试验对饱水时间不同的岩石，分别处于不同围压条件下软岩强度演变的规律性进行了研究，表明了软岩的抗压强度与围压呈正相关，饱水时间的长短对软岩的力学性质具有不同程度的软化作用。还有众多专家学者[26-29]对新进的红层软岩进行了力学特性(蠕变特性、剪切蠕变特性、变形性质、抗剪强度等)进行了较深入研究。

Ping Cao等[30]针对处于高地应力条件下软弱岩层，分别采用分步加载与一次性加载单轴压缩试验进行了软岩蠕变试验，并根据蠕变试验结果建立了非线性损伤蠕变模型。孟庆彬等[31]采用离散元软件 UDEC，利用可以综合考虑材料受拉、受压和受剪切破坏形态的黏滞断裂模型对软岩的多重可能性断裂破坏形态问题进行研究，并与试验结果进行了相对比。S. P. Li 等[32]采用渗透试验进行了砂质泥岩渗流场与应力场之间的耦合关系研究，获得了渗透率与应变之间的方程。Y. W. Pan 等[33]采用模拟颗粒流的离散元数值模拟软件 PFC3D 对软岩的侵蚀过程进行了微观研究，揭示了软岩侵蚀过程中的破坏机理。Riccardo Castellanza 等[34]采用固结试验对受天然侵蚀的碳酸盐软岩的力学性质进行研究。P. Zdenek 等[35]针对软弱岩石峰后的应变软化特性，获得了应变软化模型的指数形式，构建了等效塑性应变和等效应力之间的相互关系。张峰等[36]采用自主研发的平面应变装置，研究了受中间主应力影响下不同加载路径下沉积软岩的强度效应。Tuong Lam Nguyen 等[37]采用延展数字成像方法，监测了软岩内部位移的不连续演变过程，为获得软岩内部的断裂机制提供了参考依据。D. S. Agustawijaya[38]通过对软岩进行大量点荷载试验，得到了点荷载试验所获得的软岩强度与单轴压缩条件下软岩的抗压强度存在一定的关联性，并确定了两者之间强度转换关系。Okada 等[39]对软岩试样（粉砂岩、砂质泥岩和泥岩）在高温条件下进了三轴压缩试验，得到了温度在 60°时岩样抗压强度降低，而残余强度不依赖于温度水平的变化。Elli-Maria Charalampidou 等[40]采用声发射、超声 X 线断层摄影技术等多种研究手段，对处于三轴压缩条件下含多空隙砂质泥岩的剪切压缩带的形成机制与特征进行了较全方位的研究。M. S. A. Siddiquee 等[41]利用一系列三轴试验而获得的软岩唯象模型，对明石软岩的力学性质进行研究，并对该模型进行了进一步开发与应用。J. Muñoz 等[42]通过加热脉冲试验对软岩的热动力学特性进行了研究。M. Quirion 等[43]通过考虑流体流变与侧限应力的影响，进行了软岩的水压致裂试验研究，获得了侧限应力和流体流变对砂岩裂纹形态的形成与扩展具有强烈影响。

1.3 软岩巷道失稳机理研究现状

国内外学者对软岩巷道的失稳机理进行了长期的研究，提出了众多导致软岩巷道失稳的原因，可总结为以下几个方面：

（1）物化膨胀机理

地层中的一些软岩中富含蒙脱石、伊利石、高岭石、腐殖质和难溶盐等[44-49]，它们的亲水能力较强，而且软岩中的裂隙较发育，岩体在地下水的作用下，其体积会发生较大的膨胀，最终会导致巷道围岩的变形破坏。

（2）应力扩容机理

地下岩层在多个时期的地质构造应力的作用下，在地层岩体内部集聚了较大的变形能，以弹性变形的形式存在于岩体中。当地下巷道开挖后，岩体中存储的变形能通过弹性变形的方式向临空区释放，因此巷道围岩发生膨胀变形[50-53]。

（3）结构变形机理

地下岩层在形成过程中，受构造应力和地质环境的影响，岩体中常常富含众多结构面、节理和薄弱夹层，巷道围岩受结构面的影响，而发生沿结构面张开或滑动等失稳破坏现象[54-60]。

(4) 最大应力破坏机理

地层的岩体处于原始构造应力场之中，其应力状态是三向的，在巷道开挖后，原先的围岩应力平衡被打破，应力状态发生改变，由原先的三向转变成了二向，最大主应力的方向也发生了改变，其方向与巷道围岩壁相切，导致围岩受力急剧升高，超出了岩体的强度而发生失稳破坏[61-69]。

1.4 大断面软岩巷道支护理论研究现状

软岩巷道的支护理论是以岩石力学、弹塑性力学、流变力学等经典力学知识为基础[70,71]，同时通过现场新的支护材料、支护工艺及支护技术的反馈而不断发展与进步的，是理论知识与工程实践相互结合相互指导的产物，所以一方面它拥有较深厚的理论底蕴，另一方面又具有工程经验的性质。由于岩体材料的复杂性，同时又因为该理论发展起步较晚，故整个支护理论尚未完善与成形，形成了国内外百花齐放、百家争鸣的现象。

国外研究可以以四个阶段来划分软岩巷道支护理论的发展历程。

第一阶段——19 世纪末到 20 世纪初的古典压力理论阶段。这一阶段的主要观点是巷道支护结构的支护压力来源于巷道上覆岩层的重力，其代表理论有瑞典地质学家海姆(A. Haim)提出的静水压力理论[72]；苏联学者金尼克基于弹性力学理论提出的水平侧压力系数概念，即支护结构上的垂直压力等于 γH，而水平压力则需要乘以一个侧压力系数，即 $\lambda\gamma H$。

第二阶段——20 世纪初至 30 年代的经验散体地压理论阶段。这一阶段的主要观点是将岩体看做一种散体材料，巷道支护结构的支护压力来源于围岩塌落拱内的破碎岩体的重力。其代表理论有苏联学者普罗托吉雅可诺夫的自然平衡拱理论，太沙基也提出了相近似的平衡拱理论，二者的区别仅是巷道平衡拱的形状不同，普罗托吉雅可诺夫认为是抛物线形而太沙基认为是矩形[73-75]。

第三阶段——20 世纪 30 年代到 60 年代的经典理论阶段。这一阶段弹性力学和塑性力学被引入巷道围岩的力学计算分析中，形成了围岩与支护结构共同作用的理论。该理论主要分为连续介质理论和地质力学理论。连续介质理论主要分析材料的力学性质以此判定软岩的稳定。其代表有萨文[76]用无限大平板孔附近应力集中的弹性解析解来计算分析巷道围岩应力分布问题；鲁滨湟特[77]运用连续介质理论写出了求解岩石力学领域问题的系统著作；地质力学理论注重研究地层结构与力学和岩石工程稳定性的关系，其最具代表性的理论就是“新奥法”。该方法是奥地利工程师 L. V. 拉布采维茨(L. V. Rabcewicz)对前人的经验进行总结提出的一套新的隧道施工方法。该方法将支护过程分为两个阶段：第一阶段利用锚杆、金属网、喷射混凝土的支护手段在隧道断面开挖后立即进行初次支护，这些支护手段属于柔性支护，充分发挥了围岩的自承载能力。第二阶段主要通过现场变形监测确定最佳二次支护时间后通过喷射混凝土或砌碹进行对隧道二次永久支护[78]。新奥法以岩石力学为理论基础，重视围岩与支护的共同作用，被广泛应用于地下工程的施工中，特别是在软岩巷道的掘进支护中被广泛使用，是软岩巷道的重要支护理论之一。

第四阶段——20 世纪 60 年代至今的软岩巷道支护理论的新进展阶段，该阶段的主要特点是多学科交叉[79]。其代表有樱井春辅与山地宏于 20 世纪 60 年代提出的围岩支护应变控制理论，围岩的应变与支护结构的影响关系在该理论中进行了分析；萨拉蒙(M. D.

Salamon)于20世纪70年代提出了著名的能量支护理论,在该理论中能量守恒的观点被应用在支架和围岩的关系中,围岩通过变形所释放的能量被支护结构所吸收,以该理论为依据可对支护结构进行构造上设计使其能够自动调整围岩释放的能量和支架吸收的能量,一方面充分调动围岩的自承载能力,另一方面可以使支架提供足够的支护阻力且不被破坏。20世纪80年代随着计算机科学及有限元、离散元、有限差分等数值计算学科的发展,计算机仿真模拟分析的方法逐渐成熟,特别的是一些商业数值模拟软件如FLAC、ADIAN、ANSYS、UDEC等的推广,使该方法在软岩巷道支护设计中得到更加广泛的应用[80-91]。

自从20世纪80年代末,国家对煤炭行业越来越关注,加上对深部软岩巷道支护理论及技术进一步的研究,使我国深部软岩巷道支护研究进入了一个崭新阶段。这期间主要支护理论有[92]:

(1) 由于学馥等(1981年)提出的“轴变理论”和“开挖控制理论”[93]认为:巷道围岩破坏是由于应力超过岩体强度极限所致,垮落改变了巷道的轴比,导致应力重新分布,高应力下降低应力上升,直到自稳平衡,应力均匀分布的轴比是巷道最稳定的轴比,其形状为椭圆形。而开挖系统控制理论认为是开挖扰动了岩体的平衡,这个不平衡系统具有自组织功能,可以自行稳定。

(2) 由冯豫、陆家梁、郑雨天、朱效嘉等在总结新奥法支护的基础上,又提出了“联合支护技术”[94,95]理论,并认为该理论对于软岩巷道支护,要“先柔后刚、先挖后让、柔让适度、稳定支护”,并由此发展起来了锚喷网技术、锚喷网架支护技术、锚带网架和锚带喷架等联合支护技术。

(3) 以郑雨天教授、孙钧教授和朱效嘉教授为代表的学者提出了“锚喷—弧板支护理论”[96],该理论认为:对软岩总是放压是不行的,放压到一定程度要坚决顶住,即联合支护理论的先柔后刚的刚性支护形式为“钢筋混凝土弧板”,要坚决限制和顶住围岩向中空的位移。

(4) 由董方庭教授等提出的围岩松动圈理论[97],其基本观点是:凡是裸体巷道,其围岩松动圈都接近于零,此时巷道围岩的弹塑性变形虽然存在,但并不需要支护,松动圈越大,收敛变形越大,支护越困难。因此,支护的目的在于防止围岩松动圈发展过程中的有害变形。

(5) 由何满潮教授提出的关键部位耦合组合支护理论[98,99]认为:巷道支护破坏大多数是由于支护体与围岩体在强度、刚度和结构等方面存在不耦合造成的,要采取适当的支护转化技术,使其相互耦合,复杂巷道支护要分为两次支护,第一次是柔性的面支护,第二次是关键部位的点支护。

(6) 煤炭科学研究总院开采研究所的康红普[100]研究员提出了关键承载层(圈)理论。该理论认为巷道稳定性取决于承受较大切向应力的岩层或承载层(圈)。承载层(圈)的稳定与否就决定了巷道的稳定性。因此,该承载层(圈)为关键承载层(圈)。巷道支护目的就在于维护关键承载层(圈)的稳定,只要关键承载层(圈)不发生破坏,保持稳定,则承载圈以内的岩层将保持稳定。

1.5 大断面软岩巷道支护技术研究现状

1.5.1 锚杆支护技术研究现状

我国从20世纪80年代开始重点研究煤巷锚杆支护,并在锚杆支护理论方面取得了许多可喜的研究成果。锚杆支护以其优良的支护性能、低廉的支护成本等特性成为煤矿巷道最主要的支护形式，并广泛应用于各类岩土工程的支护中[101-110]。

陆士良等[111]深入研究锚杆锚固力作用机理后认为，巷道开挖后围岩发生弹塑性变形，锚杆由围岩的峰后剪胀变形产生锚杆的锚固力，随着剪胀变形的继续产生，锚杆将对围岩产生切向和径向两个方向上的支护阻力，在这两个方向的支护力作用下，使得围岩在较高的应力状态下获得平衡稳定。

李大伟等[112,113]从巷道围岩发生应变软化和弹塑性力学计算出发，引入软化模量和非关联流动法则，建立了在围岩锚固体的黏结力和内摩擦角不变的情况下的锚杆支护对围岩的稳定作用的弹塑性力学模型，得到了锚杆不同支护强度下的围岩应力分布、巷道变形量、围岩应变软化区和破碎区半径的理论计算公式。

姚振华等[114]在前人研究的基础上，运用理论分析的方法对黏结锚杆作用力的发生机理、分布规律及锚固体对岩体作用的力学效应进行了探讨。朱浮声等[115-118]将锚杆加固作用等效于改善围岩力学参数，利用锚固体—围岩相互作用解析解，得出了锚杆加固岩体的等效力学参数解析表达式。

杨双锁、康立勋等[119]运用理论分析及数值计算的方法对锚杆作用力的产生机理、分布规律及锚杆对岩体力学作用进行了研究。结果表明，锚固力是由锚杆与围岩间的相对位移或相对位移趋势所产生；从力学角度考虑，端部锚固和全长充填的支护方式是理想的锚固方式，这两种方式都能极大地改善岩体应力状态的轴向作用和控制围岩剪胀变形的横向作用。

马全礼等[120]对锚杆支护对围岩碎裂区的作用及围岩稳定性进行探讨。得出锚杆通过对锚固区域提供径向力，恢复碎裂区围岩原始强度，阻止了碎裂区的快速发展并维持破碎区围岩较高的残余强度，并得到锚杆支护的支护强度计算公式。

马刚等[121]通过对颗粒的物理力学性质及细观损伤软化模型研究，采用细观数值模拟的方法研究在散粒体围岩中加不同密度的锚杆时锚杆加固的作用机制。研究结果表明：锚杆加固的作用机制为使颗粒体与锚固体紧密接触、相互咬合形成摩擦阻力，承托结构（如托盘）提供对颗粒体的径向力，锚杆与其周围的围岩颗粒形成锚固区，从而得出锚杆加固能提高散粒体的物理力学性质。

许国安等[122,123]在真三轴试验台上，通过对相似模型模拟巷道开挖后施加支护阻力，研究深部巷道掘进与支护过程中围岩中应力场和位移场的演化过程。研究不同的支护阻力与巷道围岩稳定性关系，研究得出支护阻力能延缓和减少深部巷道围岩的中裂纹的产生、扩展与贯通，同时防止已破碎围岩冒落，有利于围岩中破碎岩块相互挤压形成稳定的承载结构，从而提高巷道围岩的稳定。同时得出在均布支护阻力作用下巷道围岩中存在薄弱的“关键部位”，应该加强支护防止该部位的破坏导致围岩的整体失稳。

马念杰等[124,125]提出了基于地应力的锚杆支护设计方法，该方法以现场实测的地质力学参数为依据，利用有限差分软件 FLAC 进行数值模拟计算，通过巷道围岩的应力分布、位移变形曲线和塑性区分布规律，得出合理支护方案及最优支护参数。并建立围岩稳定性评估系统，将井下监测数据输入评估模块可判断出围岩的稳定性等级和需采取的加固措施。

康红普[126]通过采用拉格朗日有限差分软件 FLAC 分析了不同预应力的锚杆、锚索产生的应力场分布规律，以及钢带的作用。提出锚杆主动支护系数、强度利用率、预应力长度系数、预应力扩散率、有效压应力区、临界支护刚度和有效压应力区骨架网状结构。

何富连[127]针对厚泥岩顶板巷道在掘进初始阶段出现的顶板严重下沉和局部冒顶问题，分析巷道冒顶垮落的影响因素，提出采用高预始应力桁架锚索、单体锚杆(索)双支护技术。

刘波涛[128]通过研究深部巷道中锚杆、锚索大面积破断机理，研制出锚杆、锚索让压装置。让压装置中的预留压缩量可用于补偿围岩变形，避免了锚杆(特别是锚索)破断，同时实现高阻力让压，阻止围岩进一步变形。

郭志飚等[129]利用理论分析和数值模拟相结合分析了锚网索—桁架耦合支护的力学机理。张益东等[130]分析了桁架锚杆和普通锚杆的不同支护机理，阐明两种不同的支护形式对巷道顶板的支护作用。

1.5.2 锚索支护研究现状

英国、美国、澳大利亚等采矿技术比较发达的国家近年来尤为注重锚索技术的应用和发展，为了在围岩条件较差的情况下提高支护强度和支护效果，工程实践中更多采用锚索作为加强支护[131-136]。在交岔点、破碎带、断层带和采动影响剧烈、较难支护的巷道中，也普遍采用锚索作为补强支护[137]。

我国的锚索加固技术应用始于20世纪60年代。锚索＋喷浆技术目前已经成为我国煤矿巷道采用的主要支护技术之一[138-145]。

在软岩非线性大变形设计理论的基础上[146]，何满潮教授和孙晓明博士提出了锚网索耦合支护技术[147-150]，该技术认为：围岩破坏的根本原因是支护体力学特性与围岩力学特性不耦合，并且首先从某一关键部位开始破坏，进而导致整个支护系统的失稳，耦合支护就是通过限制围岩产生有害的变形损伤，实现支护一体化、荷载均匀化。

陆家梁教授等提出联合支护技术[151-154]，认为巷道支护必须采用先柔后刚、先抗后让、柔让适度、稳定支护的原则，并由此发展了锚网索＋钢架等联合支护技术。该技术的特点是钢架支护直接与围岩间紧密接触，没有预留变形空间。这种联合支护技术在煤巷、综采切眼、大断面硐室和交岔点支护中得到应用，并取得了一定的效果。

锚喷技术和锚注技术已经逐步成为我国煤矿巷道支护的主要形式。在锚喷支护基础上，通过锚注技术加固围岩，提高再生围岩岩体弹性模量以使极不稳定围岩巷道保持稳定。锚注技术由于工艺简单、成本低、支护可靠性高而被广泛应用。现在不仅用于岩巷硐室，而且用于煤巷；不仅用于新掘巷道，而且广泛用于地下工程维修；不仅用于静压巷道，而且也用于动压巷道，是目前处理大断面软岩等不稳定巷道支护优先选择的支护技术。

1.6 研究内容

本书针对大断面巷道施工过程中软弱围岩、巷道多岩层穿层构造复杂等不利因素造成的巷道围岩变形破坏严重、支护控制困难、修复加固效果不佳等问题，以软岩大巷围岩为研究对象，综合运用理论分析、实验室试验、数值仿真模拟和现场试验等方法，研究软岩巷道围岩破坏特征及变形机理、大断面软岩巷道加固控制机理、软岩巷道围岩位移场、应力场及破坏场的演化规律，研发复杂软岩大巷变形控制与支护加固技术，主要研究内容如下：

(1) 软岩大巷围岩破坏特征及变形机理分析

依据智能钻孔成像仪现场探测结果，结合理论分析，研究受复杂地质因素影响下软岩大巷围岩破坏特征，特别是围岩深部破坏特征，分析软岩大巷围岩破坏变形机理。

（2）大断面软岩巷道加固控制机理分析

根据深部软岩特点，分析深部软岩巷道的应力环境，揭示深部“三高一扰动”对软岩巷道稳定性的影响规律，研究大断面软岩巷道围岩锚注加固控制机理和底板超挖锚注回填卸固耦合作用机理，为大断面软岩巷道围岩加固控制技术提供理论依据。

（3）复杂条件下大断面软岩巷道矿压规律数值模拟研究

基于实验室岩石力学试验结果，建立大断面软岩巷道三维 FLAC 数值计算模型，模拟研究巷道掘进及修复过程中受复杂地质影响围岩位移场、应力场及破坏场演化规律，研究分析复杂条件下大断面软岩巷道围岩变形特征，揭示巷道围岩加固控制的关键。

（4）大断面软岩巷道支护控制技术及现场工业性试验

根据大断面软岩巷道围岩矿压显现规律、变形特征与大断面软岩巷道加固控制机理，研发大断面软岩巷道围岩支护加固技术与巷道底鼓预防控制技术，并在现场根据具体条件进行支护设计和工业性试验研究，然后依据现场应用结果进行总结优化，最终形成大断面软岩巷道支护控制体系。

2　大断面软岩巷道破坏与加固机理

2.1　软岩的特点与工程分类

2.1.1　软岩的概念

软岩也称松软岩层，不仅是指岩体松软，而且指岩体不稳定或极不稳定。软岩是我国煤炭系统的习惯用语，而我国冶金系统一般称为不良围岩，国外一般称不稳定、极不稳定围岩，或困难岩层。至今，岩石工程学界就软岩的概念仍未达成共识，根据不同角度，可将软岩分为以上三类。

2.1.1.1　描述性定义

（1）松软岩层是指松散、软弱的岩层，它是相对坚硬岩层而言的，自身强度很低；

（2）软岩是软弱、破碎、松散、膨胀、流变、强风化及高应力的岩体的总称；

（3）松软、破碎、膨胀及风化等岩层称为松软岩层，简称软岩。

2.1.1.2　指标化定义

（1）抗压强度 σ_c<20 MPa 的岩层称为软岩；

（2）$\sigma_c/\gamma h$ <2 的岩层称为软岩。

2.1.1.3　工程定义

（1）松动圈大于 1.5 m 的巷道围岩称为软岩。

（2）岩石性质与其所处力学状态有关，当围岩所受荷载水平低于软化临界荷载时，属于硬岩范畴；而当荷载水平高于软化临界荷载时，围岩表现出大变形形态，此时该围岩称为软岩。

（3）采用传统支护（锚喷、砌碹、各类金属支架）不能使巷道保持稳定的围岩为软岩。

2.1.2　软岩的属性

2.1.2.1　软岩的一般属性

（1）软弱：一般指普氏系数 f < 3 的岩石，抗压强度 1～5 MPa。

（2）松散破碎：胶结程度差，裂隙聚集，孔隙率>30%。

（3）遇水崩解、泥化：遇水几分钟或几小时内崩解泥化。

2.1.2.2　软岩的特有属性

（1）强膨胀：蒙脱石含量，特别是纳蒙脱石含量大于15%，自由膨胀率>30%。

（2）强流变：围岩点荷载强度 R<1 MPa，软弱致密极易流变；大位移两帮水平位移

>100 mm,底鼓量>200 mm。

(3) 大位移量:可能是位移,可能是膨胀,或两种因素的共同影响,水平变形量>200 mm,垂直变形量>400 mm。

(4) 高地应力:可以是上覆岩层压力、构造应力、弹塑性岩体膨胀应力、含有膨胀性黏土矿物饱和吸水膨胀应力、破碎岩体的自重应力及破碎岩体的残余应力等综合作用。

高地应力,即当地应力高于围岩岩体单轴抗压强度时称高地应力,数学表达式为:

$$\Psi = R_C/\sigma_E < 1 \tag{2-1}$$

式中 Ψ——岩块抗地应力系数;

R_C——岩块单轴抗压强度,MPa;

σ_E——地应力,MPa。

$\Psi<1$ 为高地应力,$\Psi<0.75$ 为超地应力,$\Psi<0.5$ 为极高地应力。软岩必须具备其中部分或全部属性。

2.1.3 深部软岩的特点

(1) 抗压强度低。煤矿深部软岩的抗压强度通常小于 20 MPa,由于其深度较大,围岩应力也比较大,致使部分岩体的抗压强度变得更小。地温可以使岩体热胀冷缩破碎,而且岩体内温度变化 1 ℃可产生 0.4~0.5 MPa 的地应力变化。

(2) 具有膨胀性。内部膨胀是层间膨胀、外部膨胀是颗粒间膨胀,扩容膨胀则是集合体间隙或更大的微裂隙的受力扩容。前者的间隙是原生的,后者主要是次生;前两者是水作用下的物理化学机制,而后者属于力学机制,即应力扩容型。

(3) 无可选择性。对于特定的矿区,软化临界深度与软化临界载荷都是客观存在的。当巷道位置大于某一开采深度时,围岩产生明显的塑性大变形、大地压和难支护现象。目前,随着浅部资源的减少和开采技术的提高,煤矿深部开采势在必行,深部软岩问题将更加普遍,且无法回避,具有强不可选择性。

(4) 围岩埋藏深。近年来,大部分软岩生产矿井在向深部转移,部分老矿井开采深度 500~700 m,新建矿井深度多在 600~800 m 或更深。随着深度的增加,深部软岩巷道的支护问题将愈加显著。

(5) 围岩应力高。许多矿井围岩应力已经达到 10~20 MPa,甚至更高。一般认为,岩层自重引起的垂直应力随深度增加呈线性增大。而水平应力的变化规律比较复杂,根据世界范围内 116 个现场资料的统计,埋深在 1 000 m 范围内时,水平应力为垂直应力的 1.5~5.0 倍;埋深超过 1 000 m 时,水平应力为垂直应力的 0.5~2.0 倍。

2.1.4 软岩的分类

2.1.4.1 软岩矿井分类

根据实践摸索和理论研究,提出根据软化临界深度(H_{CS})指标判别软岩矿井的方案。根据软化临界深度,将矿井分为三类:一般矿井、准软岩矿井和软岩矿井。各种矿井的力学工作状态是不同的,因而其设计对策也有所不同,如表 2-1 所列。

表 2-1 软岩矿井的界定

软岩分类	一般矿井	准软岩矿井	软岩矿井
分类指标	$H<0.8H_{CS}$	$0.8H_{CS}<H<1.2H_{CS}$	$H>1.2H_{CS}$
工程力学状态	弹性	局部塑性	塑性、流变性
备注	H_{CS}为软化临界深度(m),H 为巷道所处的埋深(m)		

对于软岩矿井,常规设计不能奏效,返修多次也不会稳定,越返修,其稳定状态越不好。必须严格按照软岩工程的力学理论和支护对策进行设计,才能收到事半功倍的功效。

2.1.4.2 软岩工程分级

(1) 按围岩稳定性系数分类

巷道围岩稳定性系数 S 是指地层自重应力(γH)与岩块的单轴抗压强度(R_C)之比,巷道围岩稳定性系数 S 反映了岩层的自然状态,概括了决定巷道稳定性的基本因素和软岩的本质特征,指标明确简便、易于应用,已成为某些矿区选择巷道支架形式的主要依据。

这种分类方法的实质是按照下式比值来确定围岩类别的:

$$S = \gamma H / R_C \tag{2-2}$$

式中 S——巷道围岩稳定性系数;

γ——上覆岩层的平均容重,kN/m;

H——巷道距地表的深度,m;

R_C——围岩的单轴抗压强度,kPa。

稳定性系数 S 可作为软岩的主要判别指标,$S>0.3$ 属软岩范畴,该分类将软岩划分为破碎岩层、松软岩层和膨胀岩层三大类,如表 2-2 所列。

表 2-2 软岩分类

类别	破碎膨胀性	莫氏硬度	抗压强度/MPa	自由膨胀率/%	浸水湿化时间	蒙脱石含量/%	地压性质
I_1	破碎	>3	1~30	<18	几小时碎	0	挤入
I_2	破块夹泥	>3	1~30	<20	几小时碎	0	挤入
I_3	块夹膨胀泥	>3	1~30	>20	几小时碎	>20	流变挤入泥中
Ⅱ	松软	<2	<10	<30	泥化	<10~15	流变挤入
Ⅲ	膨胀	<2	<6	>35	崩解	<10~15	膨胀挤入

(2) 根据围岩松动圈的大小进行划分

围岩松动圈是指巷道开掘、支护基本稳定后,用声波探测仪测定的围岩波速降低区范围的平均值。围岩松动圈的大小作为岩石分类的综合指标,是在实际工作中现场量测所获得的,综合反映了各种因素对围岩稳定性的影响,定量反映围岩支护的难易程度,因此,在我国煤炭系统有着较为广泛的应用。根据围岩松动圈的大小进行的围岩分类及相应的巷道支护形式选择如表 2-3 所列。

表 2-3　　围岩分类及巷道支护形式表

围岩分类	围岩松动圈/cm	分类名称	锚喷支护方式	备注
Ⅰ	0～40	稳定围岩	喷混凝土	整体性好可不支护
Ⅱ	40～100	较稳定围岩	喷混凝土、短锚杆	料石碹亦可支护
Ⅲ	100～150	一般围岩	锚杆、喷混凝土	刚性支护轻微破坏
Ⅳ	150～200	软岩	密锚网、喷混凝土	刚性支护破坏很大
Ⅴ	＞200	较软岩	常规方法较难支护	围岩变形有稳定期
Ⅵ	＞300	极软岩	常规方法较难支护	围岩变形无稳定期

2.2 工程概况

2.2.1 工程地质概况

2.2.1.1 巷道地质概况

该矿井田东西宽 2.2～6.7 km，南北长 10.5 km，井田面积 46 km^2。地质储量 5.44 亿 t，可采储量 1.53 亿 t。主采煤层 3 煤厚 6.5～8.3 m，平均 7.5 m，为稳定的厚煤层。煤种低灰低硫、发热量高，是优质动力用煤。矿井 2007 年建成投产，矿井核定生产能力 240 万 t/a，服务年限 42.2 a，矿井采用立井暗斜井的开拓布置方式和综采放顶煤回采工艺。布置主、副、风三个井筒，井底车场水平标高－312 m，主水平标高－650 m，矿井主采 3 层煤，为自燃煤层，有煤尘爆炸危险，瓦斯等级为瓦斯矿井，矿井地质条件中等，水文条件简单至中等。

该矿主采水平标高－650 m，北三采区深部边界标高－950 m，属典型深部开采。－650 m水平三条石门通至北三采区开拓巷道(回风大巷、胶带大巷、轨道大巷)，井下位于－650 m 水平以南，1307 工作面以东，横穿 DF54、DF52 断层、DF38 断层，至 DF16 断层，断层具体参数情况见表 2-4。

表 2-4　　断层情况表

构造名称	走向/(°)	倾向/(°)	倾角/(°)	落差/m	性质	对巷道的影响程度
CF6	105	15	70	0～25	正	较大
DF52	96	6	70	0～25	正	较大
DF38	131	41	70	50～100	正	较大
DF26	97	187	70	0～80	正	较大
DF16	126	36	70	0～30	正	较大

掘进工作面所处地段岩层整体赋存形态为走向北东，倾向南东的单斜构造。岩层倾角 20°～30°，平均 25°。掘进工作面横穿 DF54、DF52 正断层，地质构造较复杂，预计邻近小断层发育，无岩溶陷落柱、岩浆侵入、古河流冲刷等其他特殊地质现象。3 煤及 3 煤顶、底板地质柱状如图 2-1 所示。

岩层柱状	层厚	岩石名称	岩性描述
	0.45	2煤	2煤，黑色
	1.36	泥岩	深灰色，局部为黑灰色，含植物根化石及植物炭化体，顶部含粉砂质
	10.51	中砂岩	顶部浅灰色，泥质胶结，夹炭质纹理，中下部灰白色，含暗色矿物，石英含量多，粒度变细，菱铁质颗粒形成的斜层理断续出现，见有碳质纹理形成的波状层理
	4.76	泥岩	灰色泥岩
	10.51	细砂岩	浅灰色细砂岩夹深灰色粉砂岩成互层状，以波状层理为主，多见有孔化石
	7.78	3煤	黑色，块状构造为主，片状及粒状相间出现，亮煤，暗煤及镜煤组成，少见丝炭，节理发育，富含黄铁矿膜，块状煤硬度稍大，属半暗半亮型煤
	0.6	泥岩	深灰色，块状构造，富含植物根化石，多见滑面
	2.7	细砂岩	灰色，顶部为粉砂岩厚约0.5 m，往下粒度渐粗
	6.8	泥岩	深灰色，块状，含粉砂质，局部夹粉砂岩薄层
	5.3	细砂岩	灰色，夹深灰色粉砂岩薄层、纹层，波状及缓波状层理
	1.4	粉砂岩	灰色，上部含植物化石碎片，下部含细砂
	4.3	中砂岩	深灰色，局部夹浅灰色纹层状细砂岩，缓波状近水平层理
	2.0	泥岩	
	3.3	粉砂岩	
	3.9	泥岩	
	0.4	4煤	

图 2-1　3 煤及煤层顶底板综合柱状图

2.2.1.2　巷道穿层特点

三条大巷掘进时都穿越多个岩层，以南翼回风大巷为例，根据三维物探结果分析巷道穿层情况：大巷开门处岩性为 3 煤顶板细砂岩，下距 3 煤顶板 22.6 m，自开门口起掘进至约 193.2 m 处将揭露 CF6 断层，该断层落差 0～25 m，主要揭露煤层顶板中、细、粉砂岩和泥岩；掘进至约 612.6 m 处将揭露 DF52 断层，主要揭露岩性仍为 3 煤顶板中、细、粉砂岩和泥岩；掘进至约 995.9 m 处将揭露 DF38 断层，巷道进入 3 煤底板掘进，主要揭露岩性为 3 煤底板中、细、粉砂岩和泥岩，由于该断层落差较大(50～100 m)，巷道掘进过程中距离三灰含水层最近(约 17.4 m)，三灰含水层厚 5 m，与 3 煤间距平均 49 m；掘进至约 1 782 m 处将揭露 DF26 断层，仍在 3 煤顶板掘进，主要揭露岩性为 3 煤顶板中、细、粉砂岩和泥岩。大巷掘进将揭露的断层情况如表 2-1 所列。预计巷道在 840.5～958.3 m、1 494.9～1 576.4 m 揭露并穿过 3 煤层。受多条正断层影响，沿巷道掘进方向煤(岩)层倾角有一定起伏，岩层伪倾角在－6°～＋10°之间，平均－2°。－650 m 南翼大巷布置及地质剖面如图 2-2所示。

由图 2-2(b) 可以看出，由于断层 DF16、DF26、DF38、DF52 及 CF6 的存在，使得－650 m南翼三条大巷在 3 煤顶、底板多个岩层中穿行。又由 3 煤及 3 煤顶、底板综合柱状图如图 2-1所示，3 煤顶、底板岩层中存在多层软弱的泥岩，进而使得大巷掘进过程中多次穿过多层软弱泥岩层，且巷道穿过上述几个断层面时，围岩较破碎，这都大大增加了南翼大巷围岩变形控制的困难程度。以 CF6 断层附近为例，分析大巷具体穿层特点如图 2-3 所示，图

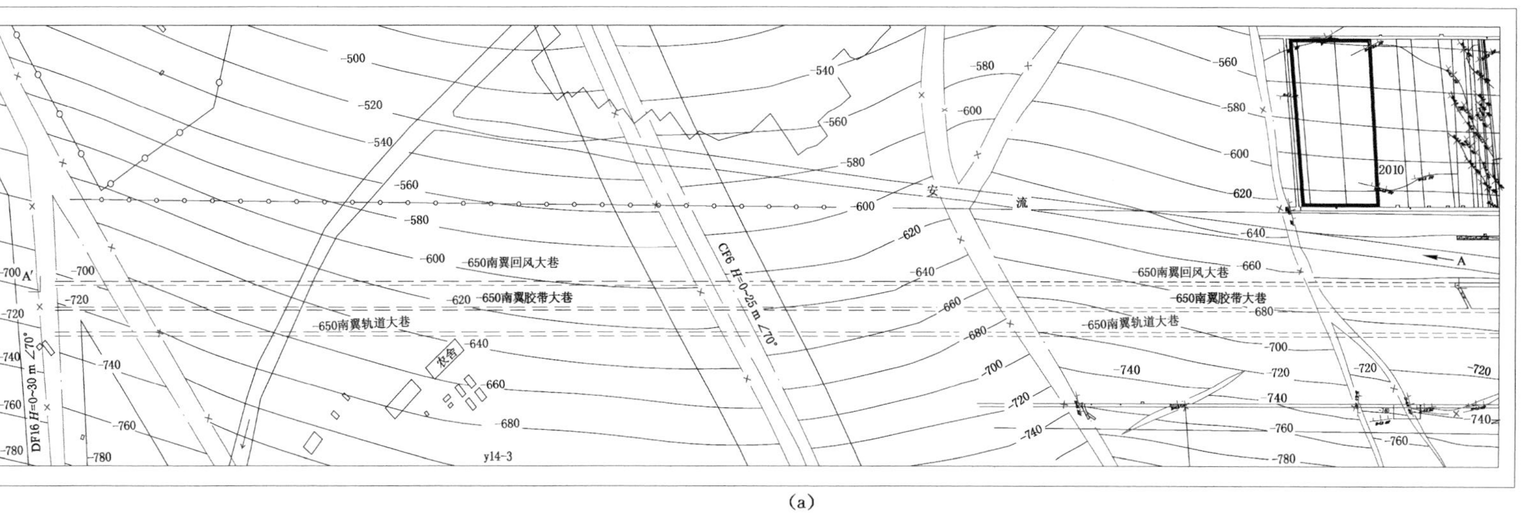

(a)

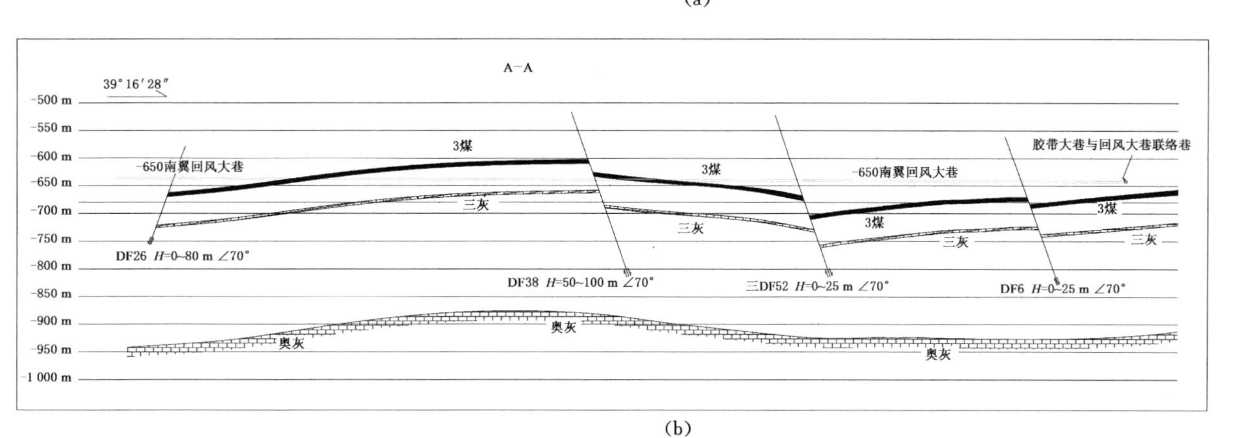

(b)

图2-2 -650南翼大巷布置及地质剖面

（a）大巷布置平面图；（b）大巷地质剖面图

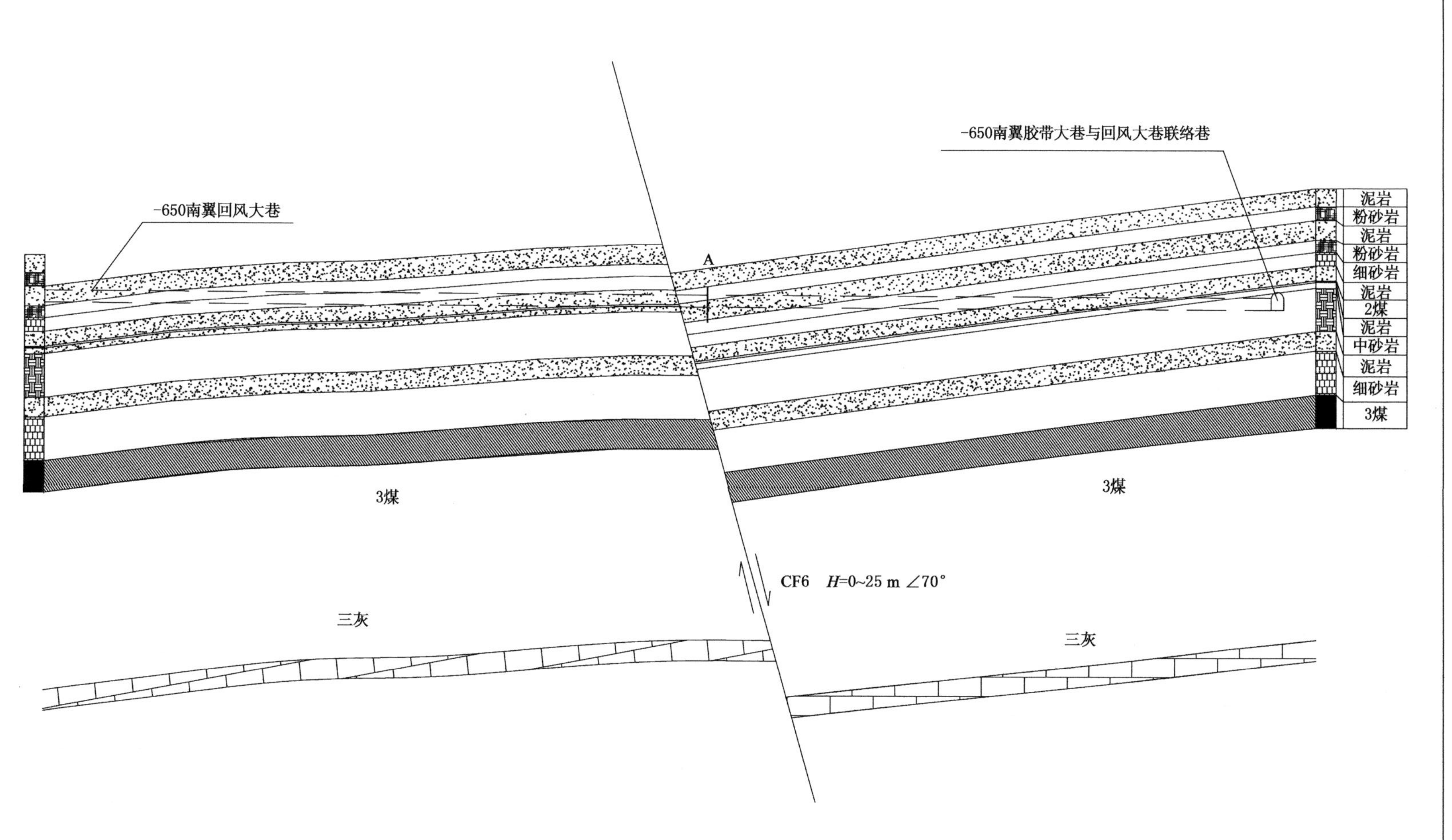

图2-3 CF6断层附近大巷穿层情况

中巷道顶板岩层为软弱的泥岩，从图中可以看出，断层的影响使得大巷将多次穿过这几个泥岩，CF6 断层面附近大巷穿层情况更为复杂，大巷由泥岩—粉砂岩—泥岩的围岩组成直接进入泥岩中掘进。

2.2.2 巷道原支护方式及破坏情况

2.2.2.1 巷道原支护方式

从大巷布置平面图和地质剖面图来看，三条大巷在掘进过程中遇到多个较大的断层，使得巷道在掘进施工中穿越煤层顶板及底板多个岩层，其中包括多个泥岩等软弱岩层。

针对现场的实际情况，该矿南翼三条大巷的断面形状为直墙半圆拱形，设计施工参数分别为：回风大巷墙高 1 800 mm，拱高 2 400 mm，净宽 4 800 mm，荒宽 5 400 mm，荒高 4 420 mm；轨道大巷墙高 1 800 mm，拱高 2 500 mm，净宽 5 000 mm，荒宽 5 400 mm，荒高 4 520 mm；胶带大巷墙高 1 500 mm，拱高 2 000 mm，净宽 4 000mm，荒宽 4 300 mm，荒高 3 720 mm。三条大巷原支护方案均为：迎头初喷厚度 50 mm，二次支护采用锚网索＋棚喷联合支护，锚索规格为 ϕ17.8×6 400 mm，全螺纹锚杆规格 ϕ20×2 400 mm 耙装机前架设 29# U 形钢棚，巷道原支护参数以回风大巷为例如图 2-4 所示。

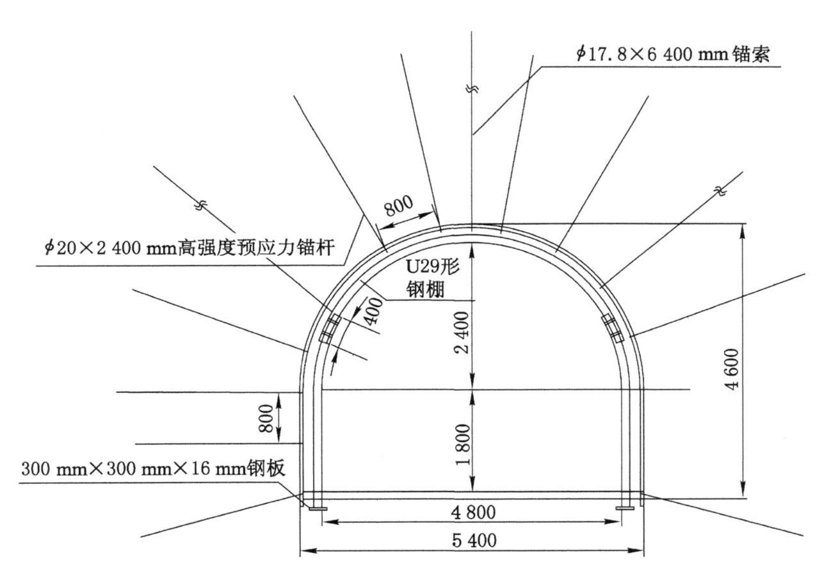

图 2-4 南翼回风大巷原支护方案

2.2.2.2 原支护条件下巷道破坏情况

在原支护形式下巷道变形严重，多处片帮、爆皮、底鼓甚至冒顶，架棚段巷道支架受压破坏严重、梁腿弯曲甚至折断，部分地段断面收缩率在 80％以上，巷道部分变形破坏情况如图 2-5 至图 2-7所示。

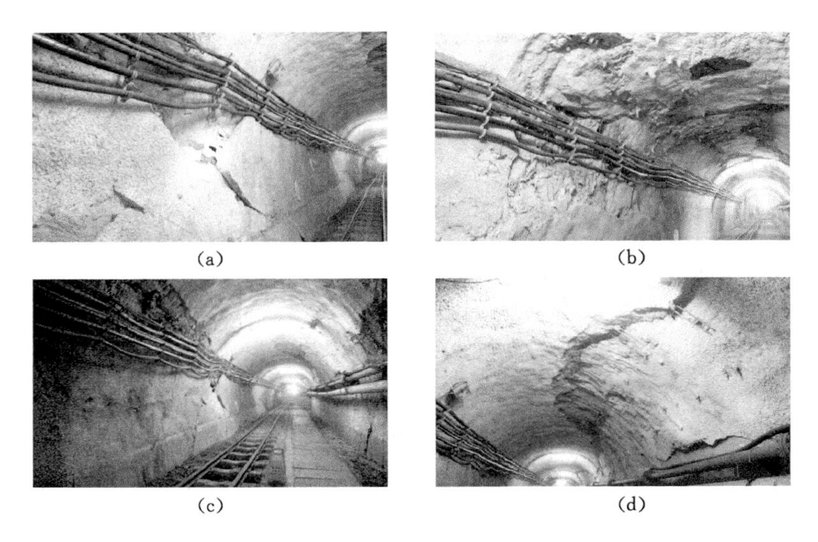

(a) (b) (c) (d)

图 2-5 －650 m 水平南翼轨道大巷破坏情况

(a) 片帮；(b) 爆皮；(c) 断面收敛；(d) 顶板破碎

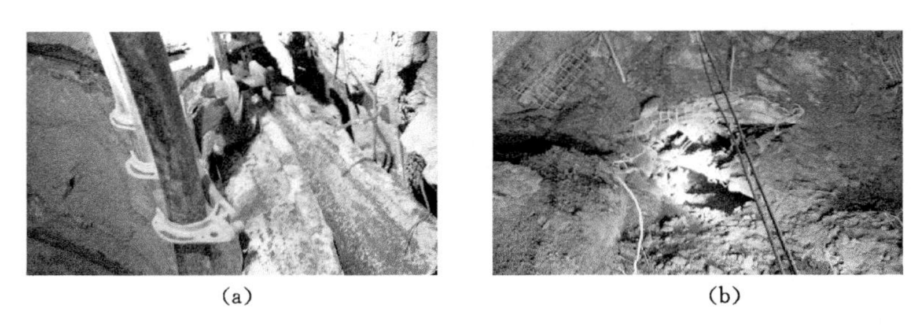

(a) (b)

图 2-6 －650 m 水平南翼回风大巷破坏情况

(a) 钢棚失效；(b) 断面收缩

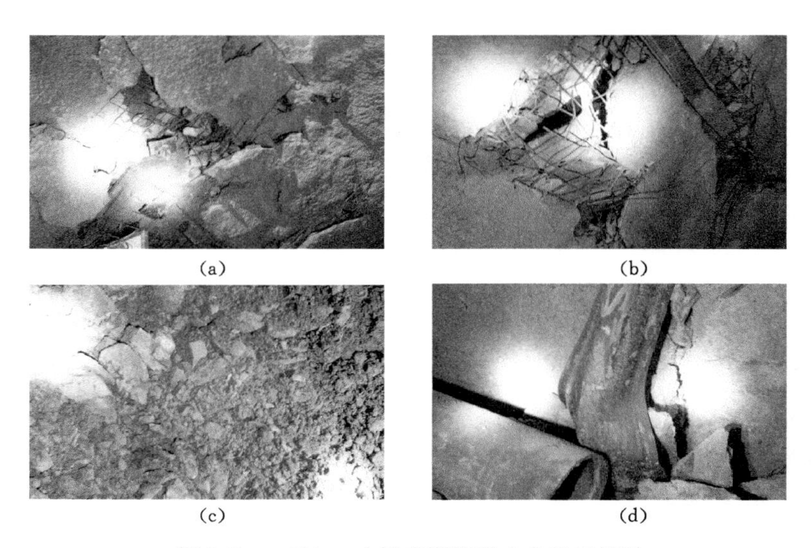

(a) (b) (c) (d)

图 2-7 －650 m 水平南翼胶带大巷破坏情况

(a) 顶板破碎；(b) 右肩处爆皮；(c) 底板破碎；(d) 钢棚变形

2.3　现场实测巷道深部围岩破坏特征

2.3.1　钻孔电视探测方法及钻孔布置

针对－650 m南翼大巷实际情况，分别在大巷掘进迎头和修复迎头位置布置测区，进行巷道深部围岩破坏特征的钻孔电视探测，探测部位为巷道顶板及两帮围岩。根据现场施工情况，探测深度均定为10 m，由此钻孔电视摄像探测出巷道周围不同深度处的潜在破裂区，确定巷道周围松动圈的范围及围岩破坏特征。钻孔电视探测钻孔布置如图2-8所示。

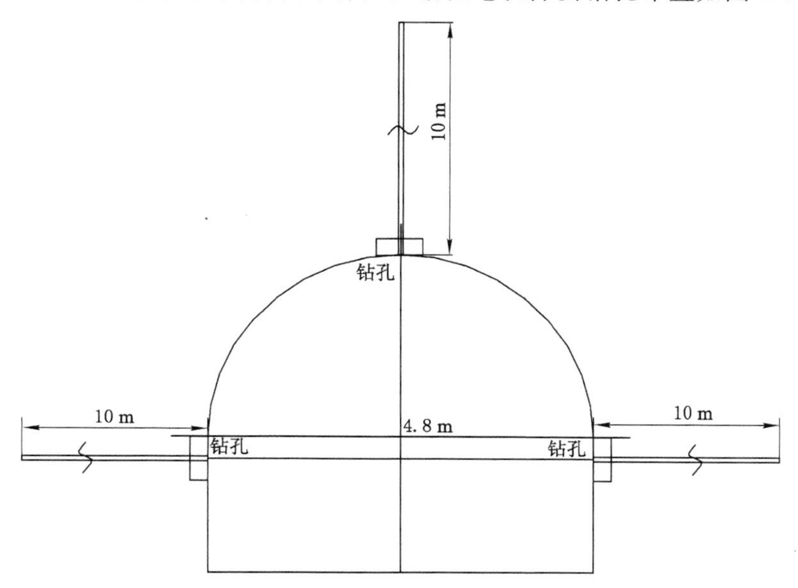

图2-8　钻孔电视探测钻孔位置示意图

在每个测区范围内，在巷道断面中央及两帮位置，垂直巷道打直径不小于32 mm钻孔1个，孔深10 m。通过钻孔电视摄像技术分别从定性、定量角度分析确定南翼大巷全断面不同层位(不同深度)处岩层潜在弱面(破裂区)分布情况，为深部围岩多点位移监测基点位置选择提供依据，钻孔摄像仪如图2-9所示。

本次钻孔电视摄像采用中矿华泰生产的YTJ20型岩层探测记录仪(钻孔电视)。YTJ20型岩层探测记录仪包括彩色摄像探头、视频传输线、导杆、深度计数器和主机等部分组成，YTJ20型岩层探测记录仪的主要参数：

摄像头直径25 mm，长100 mm；探测深度：0～20 m；

主机尺寸：长×宽×高＝240 mm×190 mm×83 mm；

连续工作时间：8 h录像存储容量：2 G。

应用YTJ20型岩层探测记录仪探测围岩内部破坏情况时，需在巷道表面钻孔，利用导杆人工沿钻孔轴心推进摄像头，直到钻孔底部。通过彩色摄像探头记录钻孔内岩层图像，由视频传输线将视频信号传输到主机液晶显示屏上，由深度计数器记录摄像头进入钻孔的深度，在显示屏幕上可显示钻孔内壁构造和探测深度。

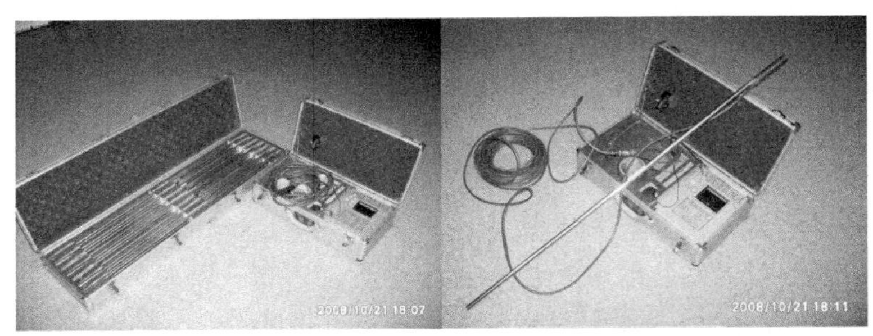

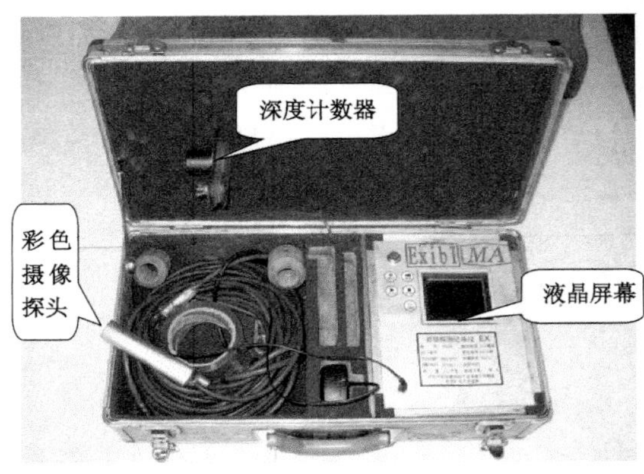

图 2-9　YTJ20 型岩层探测记录仪(钻孔摄像仪)实物图

该仪器图像清晰(分辨率可达 0.1 mm)、颜色逼真，能探测孔内整体情况，并可录像，具有防爆功能，且体积小、质量轻，操作简便。可用于矿井井下采掘巷道和回采工作面的地质勘探、测量巷道围岩产状、裂隙宽度以及描述巷道围岩离层、破裂、错位、岩性变化等情况。

2.3.2　大巷掘进迎头钻孔电视探测结果分析

在－650 m 南翼大巷掘进迎头位置进行了巷道顶板、巷道起拱处、巷道帮的多个钻孔的初步探测(探测深度 10 m)，探测结果表明，巷道顶板、拱、帮完整性一般，具体情况如下：

(1) 在巷道顶板 2 m 范围内出现较多的破碎带和大量的裂缝出现，4.1 m 和 5.29 m 位置有裂缝与裂隙带的出现，顶板深部 8.7 m 位置处仍有破碎带存在。在整个探测孔的钻进过程中，钻头推进相对容易，说明顶板岩层岩性较差、岩石强度较低，探测结果如图 2-10 所示。

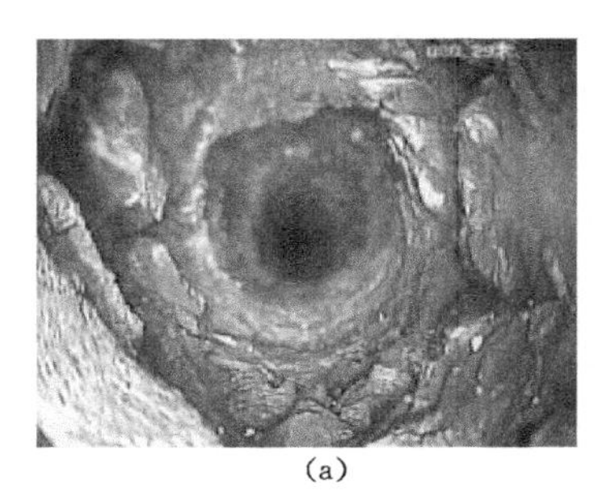

(a)

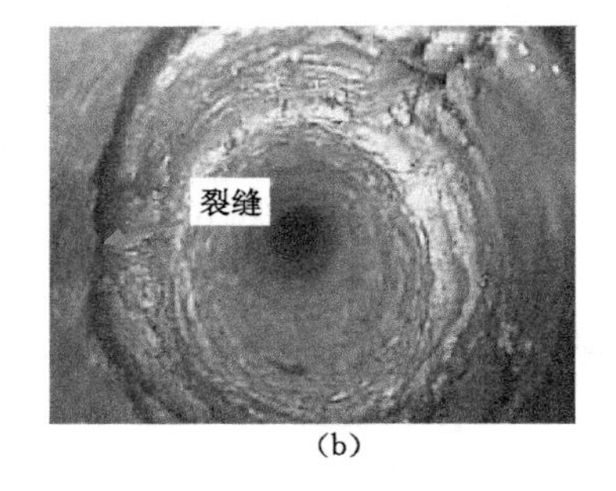

(b)

图 2-10　大巷掘进迎头顶板钻孔电视探测结果

(a) 巷道掘进迎头顶板 0.29 m 位置破碎带；(b) 巷道掘进迎头顶板 0.75 m 位置裂缝；

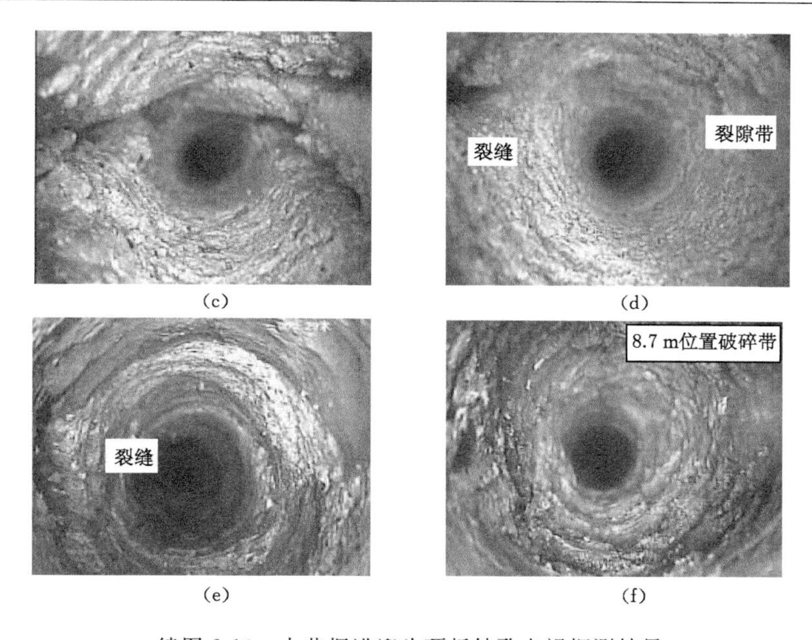

(c)　　(d)

(e)　　(f)

续图 2-10　大巷掘进迎头顶板钻孔电视探测结果

(c) 巷道掘进迎头顶板 1.05 m 位置破碎带；(d) 巷道掘进迎头顶板 4.1 m 位置裂缝与裂隙带；
(e) 巷道掘进迎头顶板 5.29 m 位置裂隙；(f) 巷道掘进迎头顶板 8.7 m 位置破碎带

(2) 在巷道起拱处 0.7 m、4.2 m、6 m 等深度位置等存在多个裂缝、裂隙与破碎带，具体探测结果如图 2-11 所示。

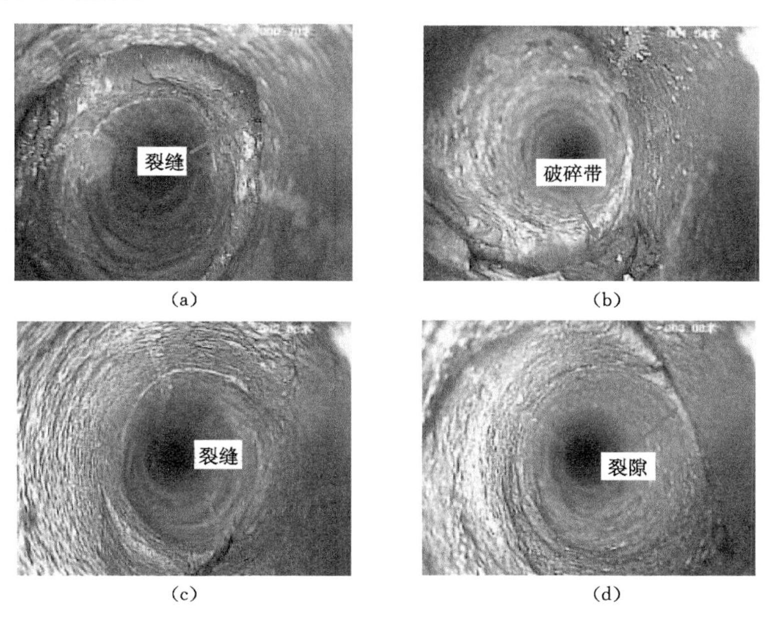

(a)　　(b)

(c)　　(d)

图 2-11　大巷掘进迎头左侧起拱处钻孔电视探测结果

(a) 巷道掘进迎头起拱处探孔 0.7 m 位置裂缝；(b) 巷道掘进迎头起拱处探孔 1.54 m 深处破碎带；
(c) 巷道掘进迎头起拱处探孔 2.85 m 位置裂缝；(d) 巷道掘进迎头起拱处探孔 3.08 m 深处裂隙

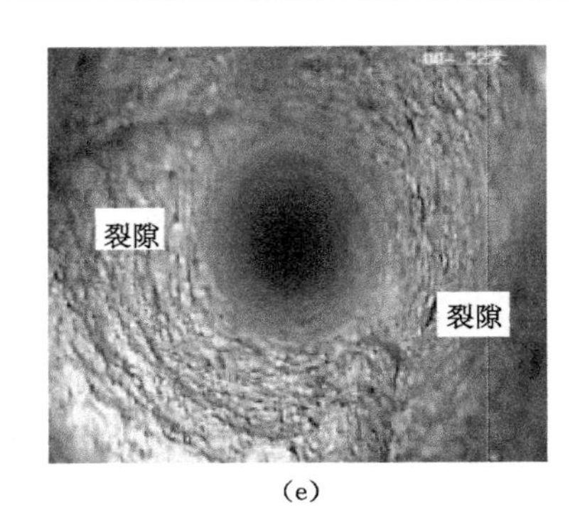

(e)

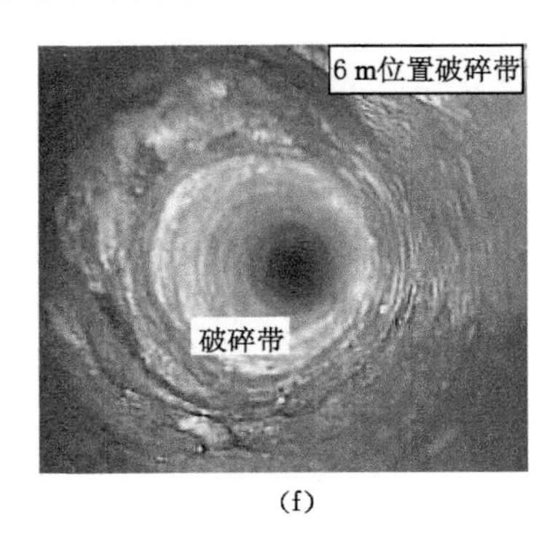

(f)

续图 2-11 大巷掘进迎头左侧起拱处钻孔电视探测结果

(e) 巷道掘进迎头起拱处探孔 4.2 m 位置裂隙;(f) 巷道掘进迎头起拱处探孔 6 m 深处破碎带

(3) 分析钻孔电视记录结果发现,在大巷巷帮 3.0 m 之内存在大量的破碎带和裂隙带,钻孔完整性极差,4 m 位置处又有较大裂隙出现,在 5.4 m 位置探测过程中多次出现软弱泥岩堵孔,造成帮部更深处围岩探测无法继续进行,探测结果如图 2-12 所示。

综合分析图 2-10 至图 2-12 可知,—650 m 南翼大巷掘进迎头顶部和帮部围岩在巷道开挖后变形破坏速度较快,巷道围岩呈现出不连续破坏的特征,其中围岩浅部(3 m 范围之内)破坏较严重,出现较多的破碎带和裂隙带,然后破坏迅速向深部发展。巷道围岩浅部破坏以破碎带和较大裂缝为主,围岩深部破坏以小型破碎带和裂隙为主。巷道浅部围岩破坏严重,围岩自承能力大大降低,加之围岩深部裂隙和破碎带的迅速出现和扩展,导致—650 m 水平南翼大巷围岩变形控制非常困难。

2.3.3 大巷修复迎头钻孔电视探测结果分析

在—650 m 南翼回风大巷修复迎头位置进行了巷道顶板及两帮的多个钻孔的初步探测(探测深度 10 m),探测结果表明,巷道围岩变形破坏严重、破坏范围大,巷道围岩松动圈范围超过 3 m,局部可达 5 m,具体情况如下:

(1) 在巷道顶板 2 m 范围内出现较多的裂缝出现,4 m 左右位置处出现裂缝,探头进入顶板深部 7～10 m 范围,仍有较多裂隙和破碎带的出现。在整个探测孔的钻进过程中,发现顶板围岩破坏较严重、破坏范围较大。探测结果如图 2-13 所示。

(2) 对巷道修复迎头左帮(面向大巷延展方向)的探测结果显示,左帮围岩浅部破坏严重,3 m 范围之内存在较多破碎带和裂隙带,3 m 之外围岩同样有不连续的裂隙产生,具体探测结果如图 2-14 所示。

(3) 对巷道修复迎头右帮(面向大巷延展方向)的钻孔电视探测结果显示,在修复迎头右帮围岩 4.0 m 之内存在大量的破碎带,钻孔完整性极差,4.7 m 位置处又有较大破碎带出现,钻孔 7～10 m 范围内围岩也出现不同程度的破坏,多以裂隙的产生为主,探测结果如图 2-15所示。

综合分析图 2-13 至图 2-15 可知,—650 m 南翼大巷修复迎头顶部和帮部围岩变形破坏严重,围岩松动圈范围较大,且巷道围岩呈现出不连续破坏的特征。巷道修复迎头顶板和右帮破坏较左帮严重,浅部围岩破坏以破碎带和较大裂缝为主,深部围岩破坏以小型破碎带和裂隙为主。巷道浅部围岩破碎严重,围岩整体性极差,自承能力大大降低,加之深部锚固范

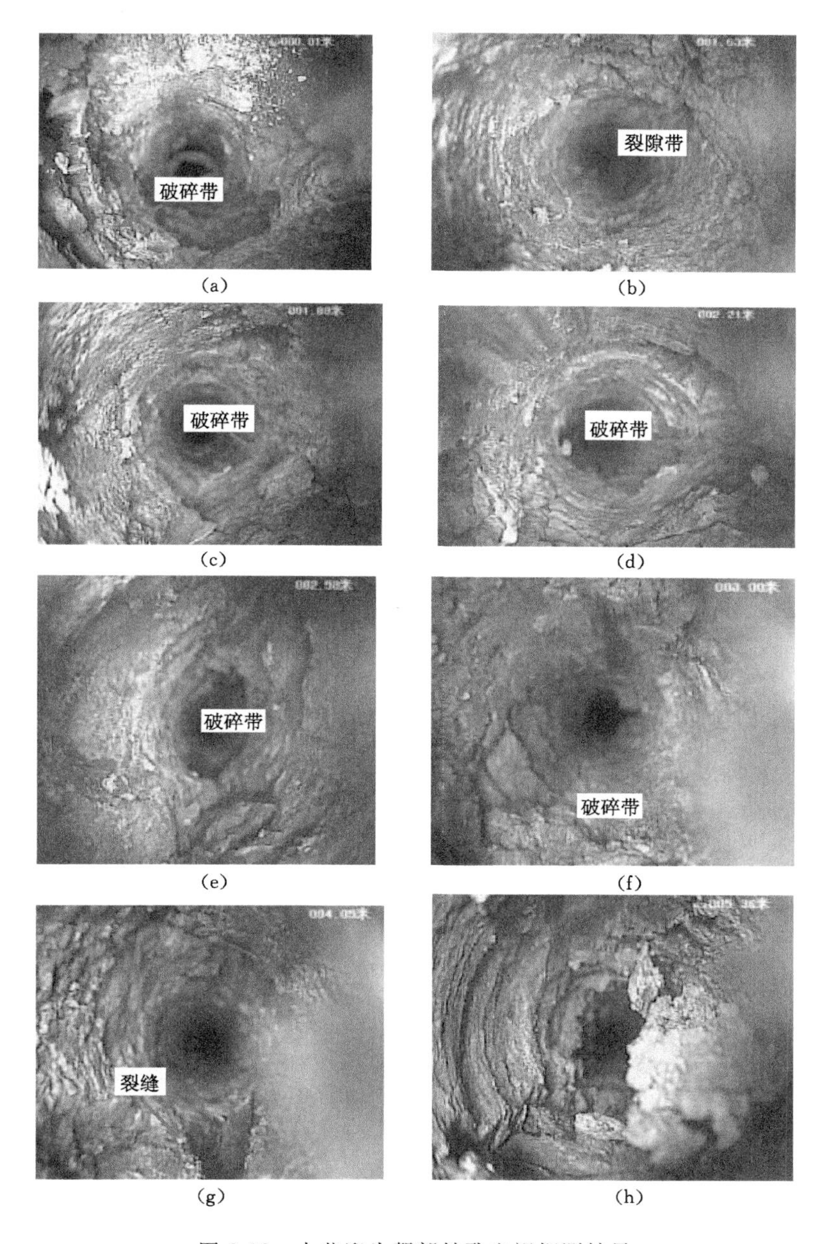

(a) (b) (c) (d) (e) (f) (g) (h)

图 2-12 大巷迎头帮部钻孔电视探测结果

(a) 迎头帮部探孔 0.81m 位置破碎带；(b) 迎头 6 m 帮部探孔 1.63 m 深处裂隙带；
(c) 迎头 6 m 帮部探孔 1.88 m 位置破碎带；(d) 迎头 6 m 帮部探孔 2.21 m 深处破碎带；
(e) 迎头 6 m 帮部探孔 2.58 m 位置破碎带；(f) 迎头 6 m 帮部探孔 3.0 m 深处破碎带；
(g) 迎头帮部探孔 4.05 m 位置破碎带；(h) 迎头大巷帮部探孔 5.36 m 深处破碎带

围之外围岩裂隙和破碎带间隔出现，由此可见围岩在简单的锚网索联合支护下不可能达到稳定状态。若此时依然采用原有支护方案和参数盲目地对巷道进行刷帮、扩面修复，只会使巷道围岩破坏越来越严重、变形控制越来越困难。

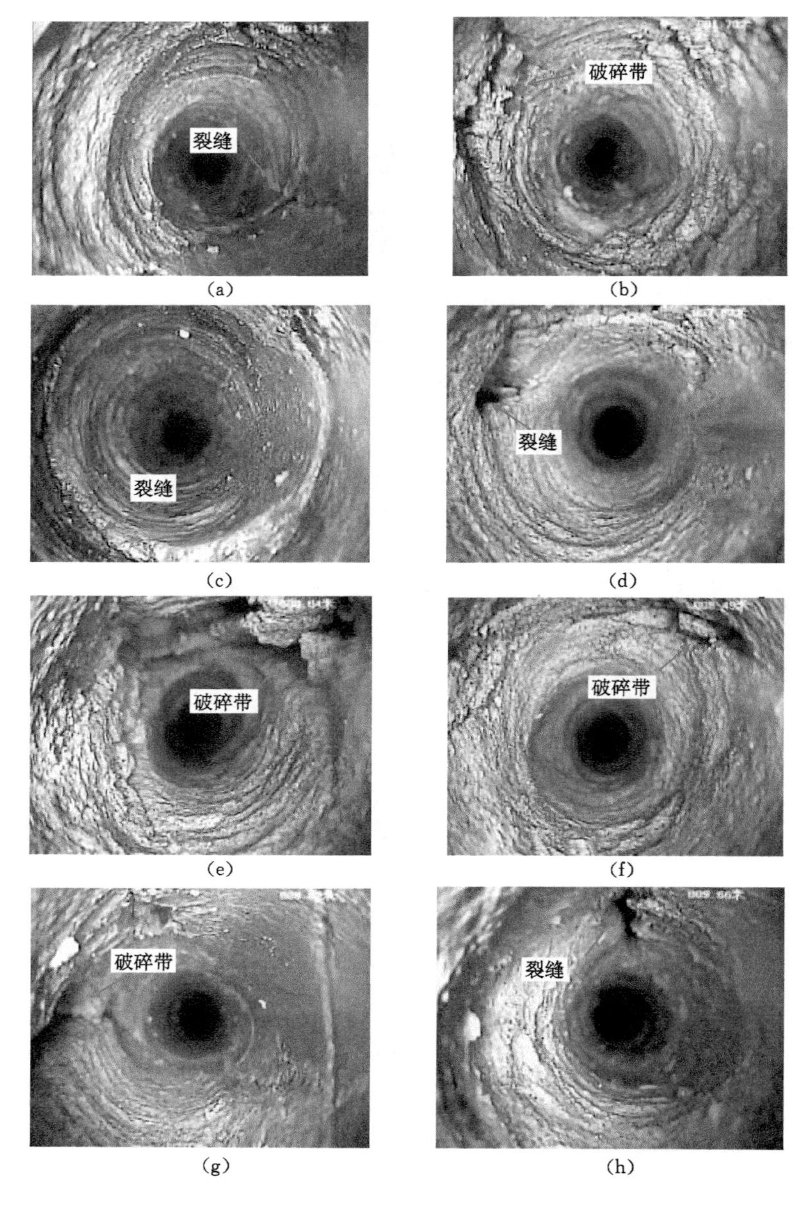

图 2-13　南翼大巷修复迎头顶板钻孔电视探测结果

(a) 巷道修复迎头顶板 1.31 m 位置裂缝；(b) 巷道修复迎头顶板 1.7 m 位置破碎带；
(c) 巷道修复迎头顶板 4.12 m 位置裂缝；(d) 巷道修复迎头顶板 7.83 m 位置裂缝；
(e) 巷道修复迎头顶板 8.04 m 位置破碎带；(f) 巷道修复迎头顶板 8.48 m 位置破碎带；
(g) 巷道修复迎头顶板 8.82 m 位置破碎带；(h) 巷道修复迎头顶板 9.66 m 位置裂缝

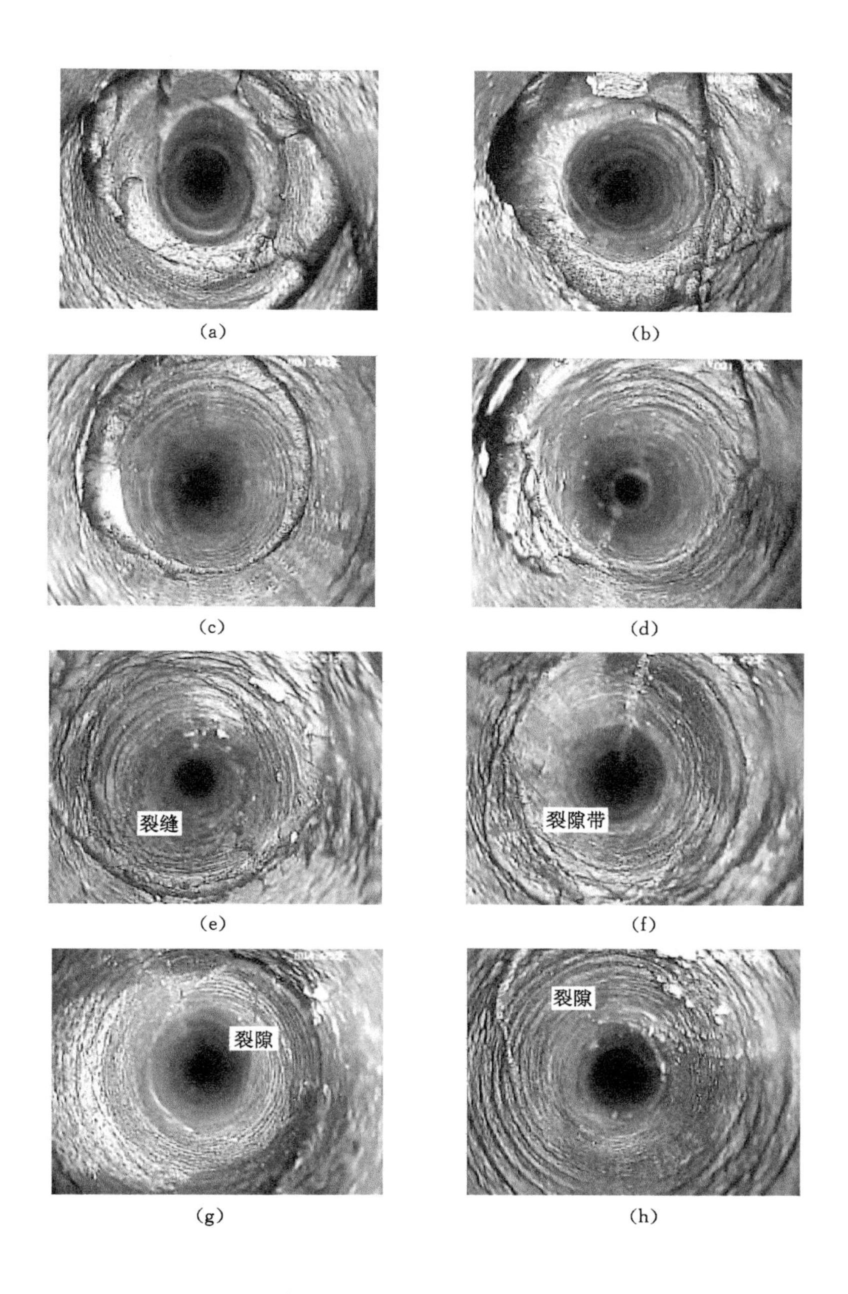

图 2-14 南翼大巷修复迎头左帮钻孔电视探测结果

(a) 巷道修复迎头左帮探孔 0.32 m 位置破碎带;(b) 巷道修复迎头左帮探孔 0.66 m 位置破碎带;
(c) 巷道修复迎头左帮探孔 1.44 m 位置裂缝;(d) 巷道修复迎头左帮探孔 1.73 m 位置破碎带;
(e) 巷道修复迎头左帮探孔 2.21 m 位置裂缝;(f) 巷道修复迎头左帮探孔 3.42 m 位置裂隙带;
(g) 巷道修复迎头左帮探孔 4.95 m 位置裂隙;(h) 巷道修复迎头左帮探孔 6.13 m 位置裂隙

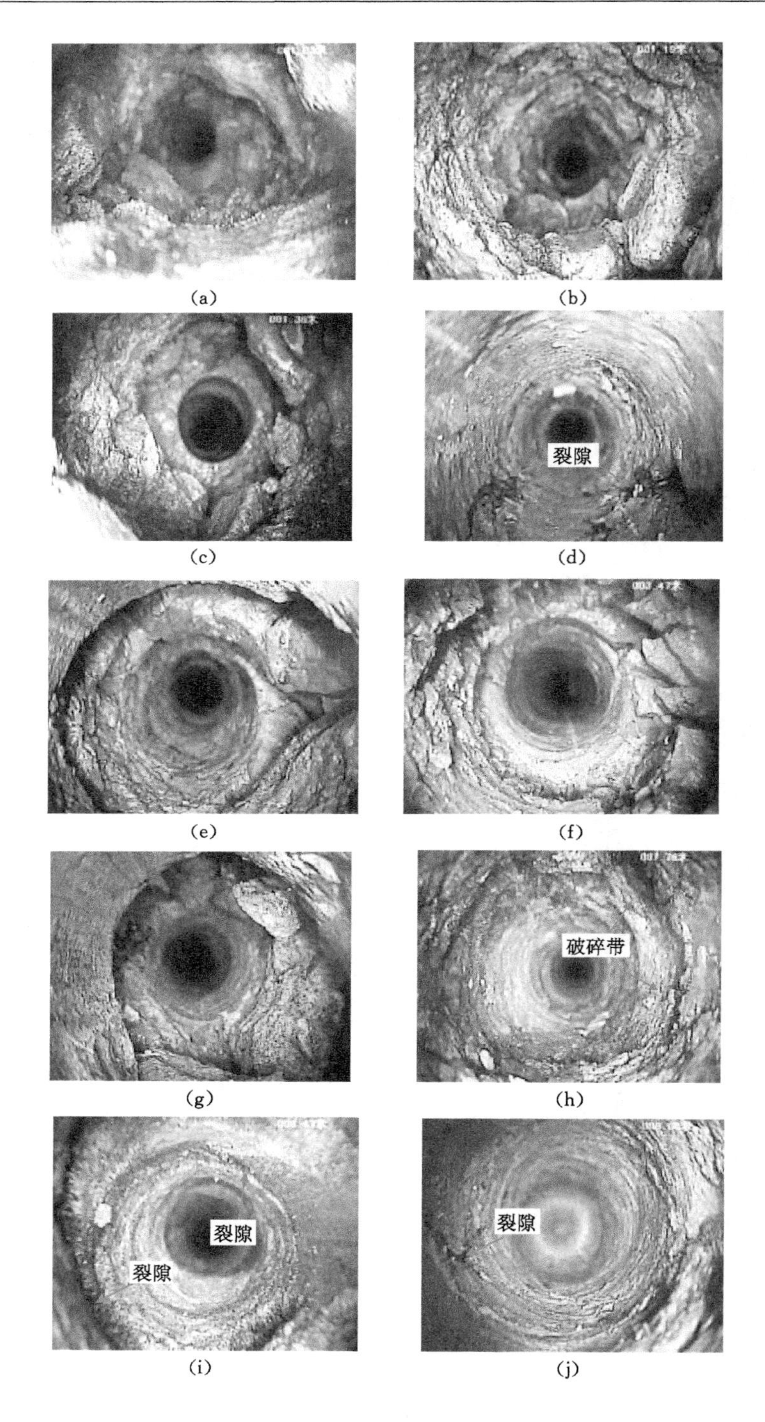

图 2-15　南翼大巷修复迎头右帮钻孔电视探测结果

(a) 修复迎头右帮探孔 1.03 m 位置破碎带;(b) 修复迎头右帮探孔 1.19 m 位置裂隙带;(c) 修复迎头右帮探孔 1.36 m 位置破碎带;(d) 修复迎头右帮探孔 2.64 m 位置裂缝;(e) 修复迎头右帮探孔 3.32 m 位置破碎带;(f) 修复迎头右帮探孔 3.47 m 位置破碎带;(g) 修复迎头右帮探孔 4.73 m 位置破碎带;(h) 修复迎头右帮探孔 7.76 m 位置破碎带;(i) 修复迎头右帮探孔 8.47 m 位置裂隙;(j) 修复迎头右帮探孔 9.66 m 位置裂隙

2.4 大断面软岩巷道破坏机理

2.4.1 大断面软岩巷道破坏主要特点

巷道围岩由于应力重新分布而出现变形，在一定条件下，变形发展将导致围岩破坏失稳。围岩破坏形态多种多样，而且在围岩的不同部位和不同破坏阶段，其破坏机理也不相同。按破坏形态、破坏过程及其成因，大体划分成如下六类围岩破坏类型：局部落石破坏、拉断破坏、重剪破坏、剪切破坏与复合破坏、岩（煤）爆破坏、潮解风化膨胀破坏。

对于大断面巷道，由于其跨度及高度都比较大，巷道围岩强度低，受到采动影响，围岩变形量、破裂范围及围岩塑性区都将较大。

大断面软岩巷道围岩破坏特点主要包括：

(1) 巷道围岩变形破坏严重。顶板离层范围大，巷道两帮变形量大。

(2) 巷道围岩破坏突发性大。在特殊地段，小断层、淋水交岔点、地质破碎带、顶板裂隙发育或近距离煤层的层间距变小等存在时，由于大断面巷道的跨度、高度大，巷道冒顶突发性更强，且冒顶范围较大。较小范围的冒落长度一般 10 m 左右，较大范围的甚至长达 70～80 m；冒顶宽度一般小于巷道宽度，冒顶高度一般是巷道高度的 0.5～3 倍，当巷道顶板内某一层位有坚硬岩层时，冒落高度较小，当巷道顶板为复合顶板或顶板内无坚硬岩层时，冒落高度较大。

(3) 巷道底鼓严重。由于在巷道支护中人们往往重视顶板和煤帮的支护，而忽视底板的治理，再加上地下复杂的地应力场及采动应力场耦合影响，巷道更容易发生严重底鼓。很多煤矿巷道都要进行周而复始的巷道起底附加工作，来满足正常的生产需要，浪费了大量的人力物力，给煤矿生产带来了巨大的经济损失。

由于围岩受水和空气影响，巷道还会发生其他变形破坏，大断面巷道断面面积大，其破坏受水和空气的影响更大。

2.4.2 影响大断面软岩巷道围岩变形的主要因素

(1) 岩性因素：岩石本身的强度、结构、胶结程度及胶结物的性能，膨胀性矿物的含量等，这些都是影响软岩巷道变形的内在因素。

(2) 工程应力的影响：它是造成围岩变形的外部因素。垂直应力、构造残余应力及工程环境和施工的扰动应力，邻近巷道施工，采动影响等，特别是多种应力的叠加情况影响更大。

(3) 水的影响：包括地下水及工程用水，尤其是对膨胀岩，水几乎是万恶之源，水不仅造成黏土质岩的膨胀，同时降低岩石强度。

(4) 时间因素：流变是软岩特性之一，巷道变形和时间密切相关。

2.4.3 大断面软岩巷道围岩破坏的原因

造成巷道围岩变形破坏的影响因素是多方面的，既有客观原因，也有人为因素，主要归结为以下几个方面。

2.4.3.1 地质条件和生产技术条件的影响

(1) 岩性的影响

岩性是影响围岩稳定性的最基本因素，是物质基础。由于矿物组成、岩石结构构造的不同,不同岩石的物理力学性质差别很大。依照岩石特性可将围岩分为塑性围岩和脆性围岩两大类。而我国矿区主要分布于开采新生界第三纪褐煤和开采中生界上侏罗纪的褐煤矿区,煤层顶底板岩石都非常松软破碎,易风化,多属于塑性围岩,因此怕风、怕水、怕震。同时,巷道围岩岩体完整性的影响也是重要因素。岩体中均不同程度地含有地质弱面和结构面,这在很大程度上削弱了岩体的完整性,降低了岩体的强度,直接削弱了围岩的稳定性。

(2) 上覆岩层压力的影响

地下工程都将受到上覆岩层压力的影响,随着煤矿开采深度的增加,上覆岩层压力有增大的趋势。巷道所处地层越深,巷道所受围岩静压就越大。一般情况下巷道四周围岩静压力是均匀的,因此巷道支护体的破坏总是在支护强度最薄弱的地方开始的(如矩形巷道断面的巷道顶底角处,喷厚最薄处等)。由于围岩本身承载能力差,一旦巷道支护体破坏失效,巷道变形将急剧加速。要控制巷道围岩的严重破坏,必须防止巷道变形的急剧加速,及时修复巷道支护体,对锚喷巷道、喷体开裂后应及时修复喷补强,甚至全断面封闭支护。

(3) 围岩地应力的影响

围岩地应力是引起围岩变形和失稳破坏的根本作用力,它包括自重应力和构造应力两部分。

(4) 相邻采掘工作面对大断面软岩巷道的影响

当生产、地质条件给定时,相邻工作面采掘对巷道围岩稳定性的影响主要取决于巷道与采掘工作面的距离,通常用留设护巷煤(岩)柱的尺寸大小来衡量这一指标对围岩稳定性的影响。

(5) 断层构造的影响

穿过断层的巷道在开掘时压力大,变形大,难以维护。经卸压后,在一段时间内巷道相对稳定,但一旦支护体破坏后,巷道变形很快,且在断层下盘容易发生局部冒顶。沿断层掘进的巷道,靠断层侧巷帮变形特别严重。因此过断层构造带时,要加强支护,且不同的地质条件选取不同的支护方式。

2.4.3.2 支护设计与施工的影响

在巷道支护中,主观失误也是造成巷道围岩变形破坏的主要因素。

(1) 施工质量的影响

掘进过程中的错误操作:由于管理上的原因及操作上的因素,为了加快施工速度,导致巷道成形不好,凸凹不平,使巷道支护力远低于设计值,在这种情况下,巷道凸起的地方就会首先被破坏。

施工工序的错误:对于松软及容易风化的巷道,往往是先进行巷道支护,而滞后巷道表面的喷浆。这导致巷道表面风化严重,起皮剥落,外层围岩逐步破碎剥落,形成网包,易引起局部冒顶,并且围岩破坏向里层传递,最终使锚杆随岩体一起移动,失去锚固作用。

假帮(顶)后空洞:假帮(顶)后留下的空洞给围岩的破坏提供了空间,无支护的围岩向该空间不断移动,最终使空洞附近的锚杆失效,导致巷道破坏。

不按要求施工,主要表现为两个方面:一是锚杆间排距过大,锚杆、锚索预紧力达不到设计要求,造成巷道支护能力达不到设计要求;二是以次充好,树脂锚固药卷搅拌时间不够、不均匀,造成锚固力不够而使锚杆、锚索失效。支护体不但不能承受设计要求的载荷,且也不能承受设计所要求的变形量,致使巷道过早遭到破坏。

（2）支护设计不合理的影响

① 巷道支护形式单一：不根据围岩地质条件、巷道服务时间、巷道用途来合理选择合适的支护形式。

② 轻视底板支护：由于底板无支护，使压力沿底板释放，底鼓严重并使两帮底角向内空收敛，造成两帮的破坏失修。

（3）爆破震动的影响

爆破产生的冲击波对围岩支护体产生震动冲击作用，当巷道支护体承载力接近临界值时，如果经多次震动冲击，就会使本来显得较为脆弱的支护体迅速破坏。虽然客观条件不可以改变，但可以通过修改爆破参数和改进爆破手段来避免多次爆破对巷道的影响，保持巷道支护的稳定性。

2.4.4 软岩巷道破坏机理

巷道开挖前，岩体处于三向受压的应力环境，并处于稳定平衡状态。巷道开挖后，原岩应力平衡状态被打破，引起应力重新分布，巷道围岩中的应力状态由原来的三向应力状态转化为二向应力状态，水平应力向顶、底板岩层转移，垂直应力向两帮煤（岩）体转移。顶板下位岩层主要受水平应力的作用，一些强度较低的岩石由于应力达到强度极限值而破坏，产生裂隙或剪切位移，破坏了的岩石在重力作用下大范围坍塌，造成所谓“冒顶”现象，特别是断层、节理、裂隙等软弱结构面发育的岩石更为显著。为了保证围岩的稳定以及地下巷道的安全，通常在巷道中进行必要的支护与衬砌，以约束围岩的破坏和变形的继续发展。

对巷道围岩破坏起决定性作用的是切向应力 σ_t，当巷道周边的切向应力大于岩石的单轴抗剪强度时，巷道就开始开裂。这是因为，切向应力 σ_t 与初始应力 P_0 成正比，而随着深度增加，初始应力在不断增大，因此，当深度很大时，σ_t 也较大，而径向应力 σ_r 变化不大，在巷道周边上为零。当 $\sigma_t-\sigma_r$ 达到某一极限时，围岩就进入塑性平衡状态，产生塑性变形。巷道周边破坏后，该处围岩的应力降低，加之新开裂处的岩体在水和空气影响下加速风化，岩体向巷道内部产生塑性松胀。这种塑性松胀的结果使原来由巷道周边附近岩石承受的应力转移到相邻岩体，当相邻近岩体应力超过其屈服极限时，也产生塑性变形。这样，当应力足够大时，塑性变形的范围是向围岩深部逐渐扩展的。由于这种塑性变形的结果，在巷道周围形成一个圈，这个圈一般称为塑性松动圈。在这个圈内，岩石的变形模量降低，σ_t 和 σ_r 逐渐调整大小，且由于塑性区的影响，巷道周边上的 σ_t 减少很多。理论计算证明，σ_t 沿着深度的变化由图中的虚线变为实线的情况。在靠近巷道处，σ_t 大大减小了，而在岩体深处出现了一个应力增高区。在应力增高区外，岩石仍处于弹性状态。总的来说，在巷道四周就形成了一个半径为 R_0 的塑性松动区及松动区外的原岩应力区，在塑性松动区又有应力降低区和应力增高区，如图 2-16 所示。

巷道开挖后，随着塑性松动圈的扩展，巷道周边向巷道内移近位移不断增大，当位移过大、岩体松动、失去自承能力时，必然对支护体产生“挤压作用”，支护体上的压力也就增大。根据经验，随着围岩位移的增大通常可以发生两种情况：一种是当围岩逐渐破坏时，支护体能够支撑逐渐增加的荷载，巷道周边位移渐趋稳定；另一种情况是由于支护设置太迟或松动岩石的荷载过大，巷道周边位移在某一时间后加速增长，巷道破坏，如图 2-17 所示。

2.4.4.1 巷道两帮破坏机理及分析

一般地，巷道两帮从边缘到内部均将出现片帮区、松弛区、塑性区以及应力升高的弹性

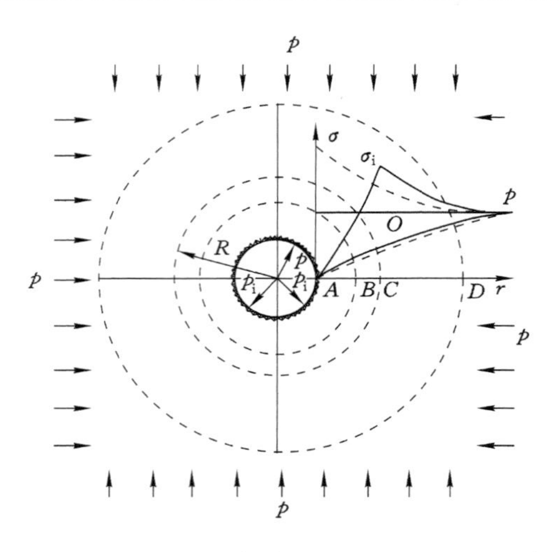

图 2-16　巷道围岩内弹塑性变形区及应力分布

p——原始应力；σ_t——切向应力；σ_r——径向应力；p_i——支护阻力；a——巷道半径；R——塑形区半径；A——破碎区；B——塑形区；C——弹性区；D——原始应力区

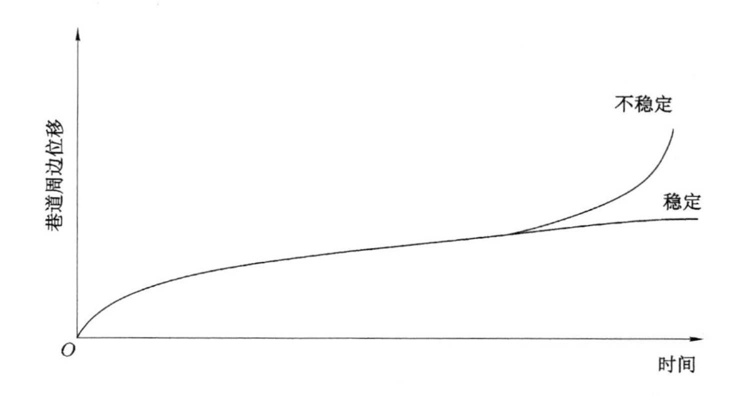

图 2-17　巷道位移与时间关系曲线

区。片帮区的围岩已松动塌落，不能再承受垂直压力，但可以传递水平应力；松弛区内的围岩已发生明显的位移，围岩强度显著减弱，只能承受低于原岩应力的载荷，因此可称为卸载区或应力降低区；塑性区承受着高于原始应力的载荷，它与应力升高的弹性区合在一起成为承载区。应力升高的弹性区以外可以笼统的称为塑性区，因此，巷帮塑性区越大，巷道越不稳定，越容易发生变形破坏。

巷帮塑性区计算是巷道稳定性分析的一项重要内容，塑性区宽度 X、采深 H 及采厚 y 之间的关系：

$$X = kyH \tag{2-3}$$

式中，k 为关系系数。

由式(2-3)中可知：y 值越大，巷帮塑性区也越大，巷道越不稳定，越容易出现变形破坏。

此外，弹塑性理论中巷道围岩位移 $u = \lambda H \dfrac{1+\mu}{E} \cdot \dfrac{a^2}{r}$，巷道半径 a 越大，围岩位移 u 越大。不论巷宽增大还是巷高增加，都会使相对巷道半径 a 值增大，从而使围岩位移 u 值增加，巷道支护和维护难度增大。

2.4.4.2　顶板岩层破坏机理及分析

(1) 挠度

如图 2-18 所示，巷道顶板可简化为两边固支、受均布载荷 q 的无限长薄板进行分析。

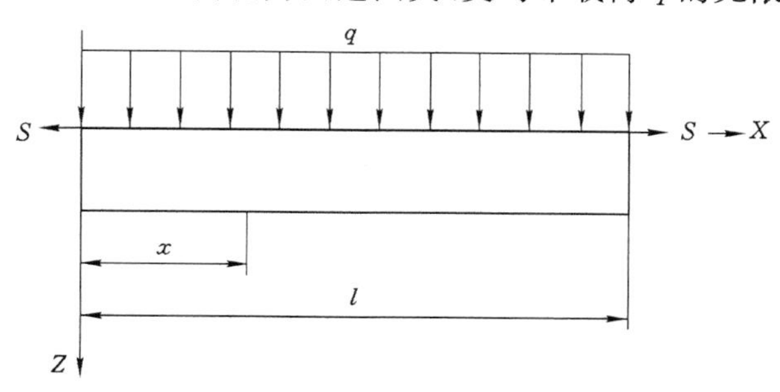

图 2-18　巷道顶板简化模型

模型挠度方程为：

$$w_{\max} = \frac{3ql^4(1-\mu^2)}{8Eh^3\pi^2}\left(1-\frac{2}{\pi\sqrt{S''}}\tan\frac{\pi h\sqrt{S''}}{2}\right)\frac{1}{S''} \tag{2-4}$$

由式(2-4)可知巷道的最大挠度 w 与巷道跨度 l 的 4 次方成正比，可见，巷道宽度越大，越容易产生弯曲变形，受弯变形产生的张应力使得顶板变形破坏更加容易。

巷道顶板由于弯曲变形时产生的挠度不一致或是变形不均匀，顶板弯曲下沉时产生非协调变形，导致顶板离层。在理想层状复合顶板情况下，离层由巷道表面岩层逐渐向顶板深部岩层发展，如图 2-19 所示。

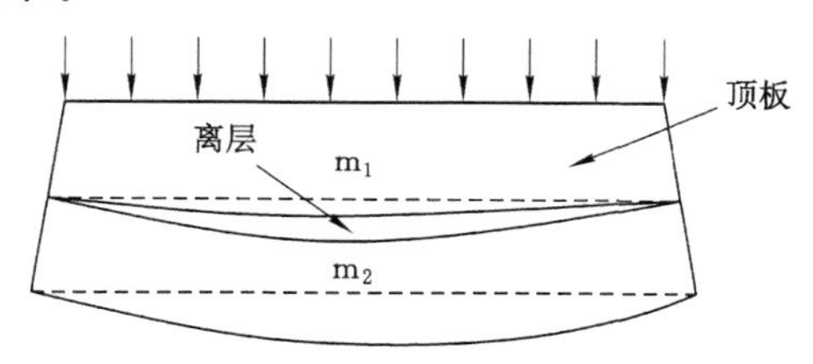

图 2-19　不同挠度产生的离层

(2) 岩层受拉

岩石的破坏主要分为两类，即张拉破坏和剪切破坏。顶板离层可以归结为其中的破坏形式之一。随着离层的增加，下部岩层由于弯曲在横截面上产生拉应力随之增加，当其大于岩石的抗拉强度时，巷道顶板开始破坏，如图 2-20 所示，从而导致离层。

(3) 水平应力

在通常情况下，水平应力是垂直应力的 2～3 倍，最高可达 5～9 倍。水平应力高是影响巷道顶板稳定性的重要因素之一。对软弱层状巷道顶板，不同的水平应力对顶板的破坏范围和方式有着明显的影响。在相对理想的状态下，当侧压系数小于 1.8 时，顶板岩层整体下沉，并形成自然平衡拱，因此不容易产生离层。当侧压系数大于 1.8 时，顶板下部岩层向下移动，上部岩层隆起，产生离层，如图 2-21 所示。

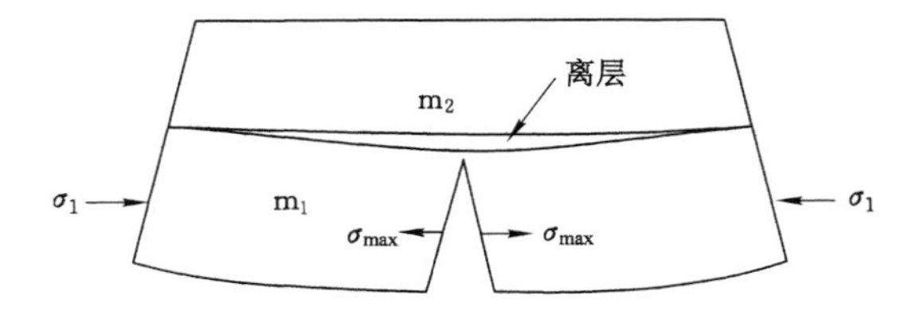

图 2-20　离层后顶板岩层破坏示意图

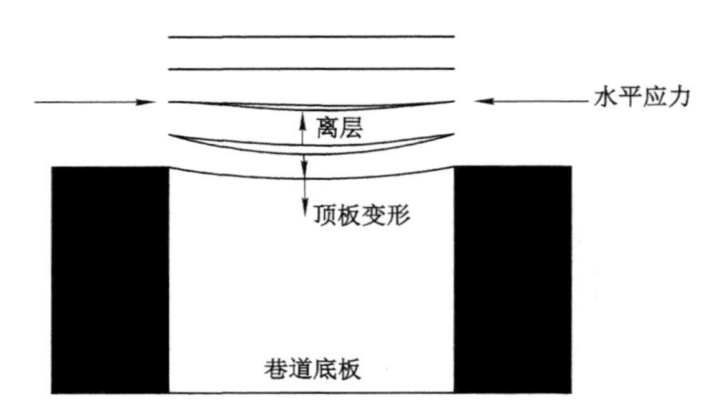

图 2-21　水平应力对离层产生的作用

（4）岩层界面的不同力学特性

对于层状复合顶板，岩层界面对于离层的产生起着非常重要的作用。主要表现在：界面强度、界面两边岩层的几何参数及荷载条件的影响。

当下层岩石强度小于层间强度时，裂隙可以直接穿过界面继续发展，在这种情况下，界面不会产生离层，如图 2-22(a)所示。当下层岩石强度大于层间强度时，裂隙将沿弱面折射和发展，因此在界面形成离层，如图 2-22(b)所示。对于沉积岩层，不同岩层界面在限制垂直裂隙发展方面起着非常重要的作用。

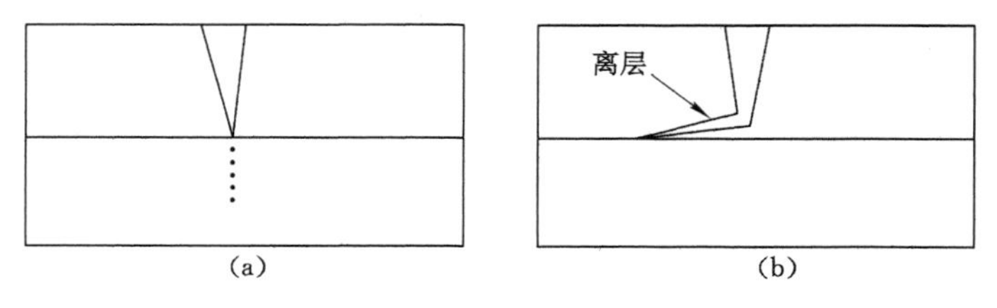

图 2-22　弱面对离层产生的影响

（5）地下水

岩层含水也能够造成顶板离层。当水渗入岩层后，导致一些岩石的体积膨胀。在有水的情况下，离层出现或增大；而在干燥的情况下，离层则消失或是减小。无论这些离层缩小还是消失，由此而造成的岩体破坏则是永久的，并且在外力的作用下会再次产生更大的离层。

2.4.4.3　底板岩层破坏机理及分析

（1）岩层岩体强度低引起底板弯曲断裂

巷道两帮移近挤压底板岩层及下部岩层向上移动将会引起底板岩层失稳，向巷道内弯曲，在许多层状岩层巷道中，它是底板岩层变化和破坏的主要方式。

（2）底板岩层受水影响引起巷道变形

若底板岩层强度较低，裂隙发育明显，属于膨胀性软弱岩石，受到深部岩溶水的影响，底板岩层将发生泥化、松散、破碎等破坏，使底板岩体强度显著降低。强度降低的岩体使水更容易侵入岩体内部，加速底板围岩的强度丧失和体积膨胀。这又导致裂隙的进一步扩大，形成恶性循环。

（3）底板岩层受力变形

巷道开挖使得底板岩层局部和部分卸载，随即将产生弹性恢复，当应力超过岩层的屈服强度时，就会产生塑性变形。

（4）巷道布置方式

巷道延展方向、断面面积、巷道形状、保护煤（岩）柱的尺寸等都对底板破坏有重要影响。

2.5　大断面软岩巷道加固机理

2.5.1　软岩巷道支护与加固原则

（1）增强围岩的约束能力，限制破碎区向纵深发展。解决问题最直接的方法就是增加支护体强度，防止危岩出现，即使出现危岩也能限制形成较大的破碎区。在支护手段上比较有效的方法是采用高强度锚杆、锚索、网、梁联合支护，进一步改善围岩力学性能，增强围岩约束力。

（2）注浆改善围岩力学性能，同时改善锚杆锚固基础。深井巷道由于埋深大，水平应力和垂直应力均比较高，围岩的承载能力难以抗拒高应力的影响，因此，通过注浆加固，提高围岩的整体性和自身承载能力，使整个加固的岩体能有效地同锚杆有机地结合为一个整体，从而提高破碎围岩中的锚杆锚固力，从而能够适应围岩的较大变形。

（3）适时进行二次支护，巷道的力学特性要求支护体初期具有可缩性，既要求具有柔性，而在后期又要求具有相当高的强度和刚度。表现在生产实践中就是仅靠一次支护往往是不够的，巷道还会遭到破坏，因此进行适时的二次支护具有重要作用。巷道开挖进行一次支护后，要不断对巷道进行变形量观测，两帮及顶底板变形量超过允许值时，就要进行二次支护，二次支护主要是重新打眼注浆，加固围岩，使降低的围岩承载能力重新得到加强，然后视具体情况补打高强度锚杆、锚索加强支护，从而达到适应深部围岩变形规律，改善支护体结构的目的。

2.5.2　支护与围岩共同承载机理

巷道的稳定性取决于围岩的地质力学条件、采掘技术条件以及支护条件等，实际工程中的巷道大多数不具有保持自稳状态能力，因此，必须采取一定的围岩控制措施。但巷道是一种复杂的地下工程，其载荷大小、承载系统的组成状况、结构特征及其力学性能等均存在着很大程度的不确定性。随着支护方式的不同以及围岩中应力分布及变形状态的改变，承载体可以转化为载荷体，载荷体也可以转化为承载体。因此，进行巷道支护时，不仅要考虑支架的支撑能力这一因素，更要认识到围岩是一种天然承载结构，要充分利用围岩的自承载能力，使支护结构与围岩共同承载，促使围岩形成承载结构并尽可能地提高围岩承载能力，减小围岩的载荷效应，使支护结构受力最小。

围岩发生强度破坏前，围岩中的应力与变形是成正比关系的。为了充分利用围岩的天然承载能力，应该允许围岩在保持连续性的前提下产生尽可能大的变形。为了防止围岩产生过大变形而发生强度破坏，就要控制围岩的变形量，对围岩提供一定的支护力使围岩中的应力集中程度降低，适当减小围岩所承受的载荷，从而使围岩的变形量减小。

若支护力未能满足使围岩于强度破坏之前形成稳定状态的要求，则围岩将会发生局部区域的强度破坏。这时，围岩将丧失部分甚至全部自承载能力，由承载体转化为载荷体，要保持围岩稳定，支架上所应承担的载荷将随围岩变形量的增加而增加。因此，在此变形阶段要使围岩达到稳定状态，就必须给围岩提供适当的支护力。

随着破坏区的扩大以及破碎区围岩变形量的增加，破碎岩块间可能因相互挤压、啮合及摩擦等作用而形成砌体梁或平衡拱式的承载结构，即松动区围岩形成承载结构。使得支架为保持围岩稳定所需提供的支护力将随着上述结构变形的继续增加而保持在合理范围。

支护力的大小，可以调节围岩变形，改变围岩应力分布状态，因此在充分利用围岩这一自承载结构的基础上，必须确定合理的支护形式，优化支护参数，以保持巷道稳定。

2.5.3 支护控制围岩变形机理分析

2.5.3.1 锚杆、锚索的支护作用

(1) 锚杆的支护作用主要是通过锚固力对松动的围岩进行约束，形成一个挤压加固带，即新的“岩石拱”，这个加固带增强了围岩支撑应力，相对提高了围岩强度，充分调动围岩支撑作用，尽量达到主动支护的目的。

(2) 对加固带的约束力要均匀一致，每根锚杆要有一定的预紧力；研究实践表明在该类条件下预紧力一般为锚固力的 1/2 左右。如果围岩应力再继续增加，锚杆的加固带支撑应力不能足以抵抗外力作用，这时应采用锚索、锚梁、支架注浆等加固技术进一步强化加固效果。

(3) 锚杆加固后的“岩石拱”受到较大外力作用时，本身强度不足以支撑外力，这时锚索将“岩石拱”悬吊在坚固的围岩中，而且扩大了加固范围。所以锚索的最大破断力、延伸率、屈服强度应大于锚杆，锚索与锚杆的锚固力，在客观上实现了综合支撑作用，但并非同时变形；因此锚索支护应滞后于锚杆支护，滞后距离根据围岩条件和变形情况确定。

(4) 锚索的锚固端应位于坚硬岩层中，如锚固端的岩层松软应更换位置或采用注浆锚索；拱形巷道中锚索支护的关键部位是两肩；对于矩形或梯形巷道，锚索应垂直于岩层。

(5) 锚索的预紧力不宜过大，锚杆的加固带整体变形时，锚索再逐渐受力，并起到补充、加强作用；所以后预应力锚索的效果会更好；如果使用一般锚索时，预应力一般为锚索最大承载力的 1/2 左右较为合适。

2.5.3.2 锚带、锚注的支护作用

锚带的作用是将锚杆或锚索的单独约束力联成一个整体，以阻止围岩的变形，强化整体支护效果，同时也防止“危岩”冒落，以保障巷道施工和生产安全。

(1) 锚注是用注浆锚杆加固围岩，该项技术效果显著，在国内已经使用十几年，但尚未有正式规范。根据多年实践经验，锚注的主要作用提高围岩结构面的刚度和强度，其次注浆

锚杆也起到一定的锚固作用。

(2) 注浆加固的范围最好是在锚杆的加固带之内，要控制注浆的扩散范围，一般不超过3 m。加固范围之外有些空隙反而有利于巷道的稳定，所以研究注浆参数和工艺对提高锚注效果有十分重要的意义。

锚杆、锚索与注浆是互补作用，可以单独使用，也可以联合使用。如果围岩条件较好，仅用锚杆即可使巷道稳定，就不必用锚索和锚注，如巷道压力大，围岩松动，巷道不能维持自身稳定时，再考虑采用锚索和锚注支护。锚索对大断面巷道或硐室综合支护效果好，锚注则对有松动的围岩加固效果更为显著。

2.5.4 大断面软岩巷道锚注加固机理

2.5.4.1 锚注加固结构

锚注加固是指将锚喷支护与注浆加固技术结合起来，采用注浆锚杆来实现锚、注合一，对巷道破碎围岩进行主动加固与支护，发挥锚注围岩的自承载能力，实现积极支护。锚注加固一般应用于如下两种工况：一方面是破碎围岩中常规锚固结构承载力低，或易失稳破坏的情况下，一般是在锚喷支护的基础上实施锚注二次预加固；另一方面是围岩极破碎，而无法实施积极支护情况下，也可以是在巷道破坏后经返修而形成的支护结构基础上进行的及时加固，主要是在一些被动支护方式的基础上进行的后加固。

锚注加固形成的组合拱对围岩与支护组成的整体结构的稳定起较大作用，它可为巷道深部破碎围岩提供变形性能好、高抗力的结构性约束。将围岩内由锚注加固拱结构性约束引起的处于高应力状态下的破碎岩体和完整岩体的范围统称为支护结构的承载圈，而将锚注加固作用形成的组合拱结构称为关键承载圈，它是内部破碎围岩发挥结构效应的基础。

2.5.4.2 锚注加固技术原理

围岩不仅是传递和产生载荷的介质，同时也是与各种在其内部或外部支撑的支护结构物构成统一的相互作用的共同承载体。因此加固围岩以改善和提高围岩本身的力学性能已成为支护技术发展的主流，采用科学的维护技术能够改善或保持围岩的稳定性，满足工程要求。锚注加固技术原理包括如下几个要点：

(1) “探”——以探测为先导，对巷道围岩进行预探，即在巷道掘进前通过钻探、物探技术对巷道围岩进行超前探测，以探明巷道掘进前方围岩变化情况，为后期巷道支护提供依据。

(2) “注”——通过注浆技术，对破碎煤岩体进行注浆加固，使破碎围岩重新形成稳定的整体，人为形成一个承载结构，改变原有破碎围岩力学状态，充分发挥煤岩体的自身承载能力，在防止围岩进一步破碎同时达到控制围岩目的。

(3) “锚”——结合锚注加固技术，通过注浆锚杆的注浆加固，形成全长锚固，使破碎围岩内形成稳定的全长锚固结构，不仅在注浆锚杆长度范围内形成锚固作用，同时通过注浆体扩大了注浆锚杆的锚固范围，增强了锚杆在围岩中的锚固能力，使围岩与支护体之间形成更稳定的整体，达到控制破碎围岩的效果。

(4) “网”——金属网用来维护锚杆间的围岩，防止小块松散岩石掉落，并可作为喷射混凝土的配筋，保持巷道表面的完整。同时被拉紧的金属网还能起到联系各锚杆组成支护整体的作用。

(5)“喷”——喷射混凝土可以提高岩体黏结力和内摩擦角，提高围岩的强度，防止由于围岩风化而引起的破坏与剥落，并能抑制围岩产生过大的变形，防止围岩发生松动破碎。

2.5.4.3 锚注加固机理

锚注加固是利用锚杆兼注浆管实现外锚内注的一体化支护方式，通过向含有大量裂隙的松散破碎岩体中注入能够胶结硬化的浆液，将破裂岩体重新胶结成较高强度的固结体，改善了巷道围岩破裂体的物理力学性质及其力学性能，尤其提高巷道围岩的内聚力 c 和内摩擦角 φ，进 而提高巷道围岩的强度和整体承载能力，有利于巷道围岩的长期稳定。锚注支护提高了支护结构的承载能力，增强了支护结构的整体性，保证了支护结构的稳定性，既具有锚杆(索)支护、锚喷(网)支护等主动支护方式的柔性与让压作用，又具有金属支架和砌碹等被动支护方式的刚性与承压作用，与锚喷、锚索等其他支护形式组成联合支护体系，扩大了支护体系的承载范围，共同维持了巷道的稳定。锚注加固机理主要包括以下几个方面：

(1) 浆液封闭水源、隔绝空气，充填压密裂隙。

向围岩内注浆可以封堵渗流通道，防止或降低地下水对围岩的软化，避免围岩强度降低；浆液在泵压的作用下，渗透、充填、闭合了围岩裂隙，降低了围岩体的孔隙率，提高了围岩体的完整性，进而提高了围岩强度。

(2) 浆液充填围岩裂隙，改善岩体内的应力状态。

注浆后浆液充填围岩裂隙，使裂隙尖端处的应力集中程度削弱或消失，减缓了巷道开挖后围岩应力集中程度；浆液充填围岩裂隙后将巷道周围岩体由二向应力状态转化为三向应力状态，从而改善了巷道围岩的应力状态。

(3) 注浆提高围岩松动圈内破碎岩体的强度和变形模量，提高巷道围岩的稳定性。

浆液材料具有较大的黏结力，可提高破碎岩体的强度和刚度；注浆后改善了岩体不连续面的强度和变形模量等力学性能，尤其大幅度提高了岩体的内聚力 c 和内摩擦角 φ，从 而提高了围岩的自身承载能力，有利于巷道围岩的稳定。

(4) 注浆强化关键部位，有利于巷道围岩的长期稳定。

软岩巷道围岩总是存在着影响围岩稳定性的关键软弱部位(如巷道的帮角、底角等)，注浆后关键部位将形成有效加固结构效应，可减缓巷道围岩从关键部位向外扩展的渐进破坏，提高了巷道围岩的长期稳定。

(5) 注浆强化巷道已有的支护结构，形成多层有效组合拱。

锚注加固是在软岩巷道原有支护的基础上进行壁后注浆，对原有支护结构有强化作用。锚注加固配合锚喷支护及锚索支护，可以形成一个多层有效组合拱，即锚杆锚固压缩区组合拱、喷网组合拱、锚索扩大承载拱及浆液扩散加固拱，提高了支护结构的整体性和承载能力，扩大了支护结构的承载范围，改善了支护结构的支护效果。

2.5.4.4 锚注加固组合拱参数计算

锚注加固作用形成的多层组合拱结构主要由喷网组合拱、锚杆锚固作用形成的压缩区岩锚拱和浆液扩散形成的加固拱，如图 2-23 所示。

不同的初始支护造成喷网层可由多种支护材料和结构组成，包括普通喷网层、喷网与支架层、混凝土或料石砌碹层等。

而喷网层组合拱厚度主要由喷层厚度和与喷层共同作用的岩石圈组成，即

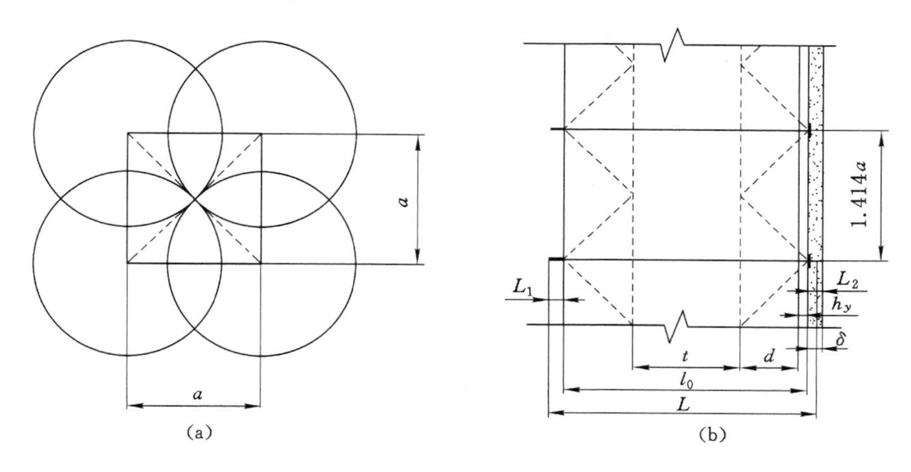

图 2-23　喷网层组合拱与锚固压力锥形成的岩锚拱参数

$$h_x = \delta + h_y = \delta + \delta \frac{E_0}{E_1} = \delta\left(1 + \frac{E_0}{E_1}\right) \tag{2-5}$$

式中　δ——喷层厚度；

h_x——喷网层组合拱厚度；

h_y——与喷层共同作用的岩石圈厚度；

E_0——喷层的弹性模量；

E_1——岩石的弹性模量。

对于单独的锚喷支护结构，喷网层组合拱结构要承担锚杆压力锥控制范围外的破碎岩块冒落的局部作用和支护结构整体变形所产生的应力集中。

锚杆压缩区岩锚拱厚度可根据锚杆的长度和间排距等参数确定，一般取：

$$t = l - \sqrt{2}a \tag{2-6}$$

式中　t——锚杆压缩区组合拱厚度；

l——锚杆的有效长度；

a——锚杆的间排距。

在锚杆压缩区组合拱和喷网层组合拱间存在的承载能力较低的破碎岩体的厚度为：

$$d = \frac{\sqrt{2}}{2}a - h_y \tag{2-7}$$

浆液扩散加固拱的厚度 h_j 取决于浆液的扩散半径、注浆锚杆的有效长度和间排距及普通锚杆的有效长度和间排距。因此，锚注加固组合拱结构的总厚度为：

$$H = h_j + t + d + h_y + \delta \tag{2-8}$$

一般锚注加固组合拱结构的总厚度也可由内注浆锚杆的有效长度、间排距和浆液的扩散范围确定，即

$$H = l_0 + \sqrt{R_j^2 - \frac{1}{4}a_1^2} \tag{2-9}$$

式中　H——锚注加固组合拱结构的总厚度；

a_1——注浆锚杆的间排距；

l_0——注浆锚杆的有效长度；

R_j——注浆浆液的扩散半径，取决于破碎岩体的渗透性、注浆压力和注浆材料种类等，可通过现场试验实测获得。

一般注浆锚杆的有效长度为锚杆实际长度 L 减去外露长度 L_2 和端锚长度 L_1，即

$$l_0 = L - L_1 - L_2 \tag{2-10}$$

在松动圈内注浆，锚杆长度可根据形成的锚注加固结构具有较大的承载能力，合理的锚注加固圈半径可使形成的锚注加固拱的承载能力满足或大于作用在加固拱的压力，即

$$R_G = \sqrt{\frac{R_0^2 \sigma_G}{\sigma_G - 2q_G}} \tag{2-11}$$

式中 R_G——满足承载力要求的注浆加固边界的临界半径；

R_0——巷道的半径；

σ_G——锚注加固结构拱岩体强度；

q_G——作用在加固拱上的压力。

所以，锚杆长度或锚注加固拱厚度应满足：

$$\begin{cases} L \geqslant R_G - R_0 - R_j + L_1 + L_2 \\ D \geqslant R_G - R_0 \end{cases} \tag{2-12}$$

2.5.5 大断面软岩巷道底板超挖锚注回填卸固机理

2.5.5.1 影响软岩巷道底鼓发生的因素

巷道的底鼓与巷道的受力状态（大小、方向）、底板压力的传递方向、底板围岩性质、抗拉强度以及遇水的膨胀性质等多方面因素有关。

(1) 高压应力

巷道围岩中存在高压是巷道底鼓的重要因素。随着开采深度的加大，地应力相应增大，加之由于受采动影响造成底板应力集中，巷道底板岩石松软，侧压大时压力由两帮传递到底板，由于底板松软无法承受较大压力而产生变形，严重影响煤矿的正常生产。

(2) 底板岩性软弱

由于受到深部环境的影响，很多底板岩性都比较软弱。在巷道中受两帮的压模效应和应力作用下，或者整个巷道都位于松软碎裂的岩体内，由于围岩应力重新分布及远场地应力的作用，底板软岩石就会因受到挤压而产生流动变形。

(3) 底板岩层含水

很多巷道因为底板岩层受水的影响膨胀而发生底板鼓出，特别是含白云母、伊利石的黏土，当其含水时体积增大。

$$U_f = \alpha K_s B(1 - \lg P_a / \lg P_b) \tag{2-13}$$

式中 K_s——自由膨胀率；

B——巷道宽度；

P_a——完全阻止膨胀性底鼓所需要的支护阻力；

P_b——实际支护阻力；

α——系数。

岩层遇到水后会对其本身产生以下影响：① 减少了岩石裂隙间的摩擦，导致了强度的

减弱；② 减少了层面间的摩擦(形成了滑移层面)，致使将致密岩层分为薄层；③ 使岩石结构松散(对于易受水损害的页岩强度可损失100%)。由于上述原因，巷道底板在受周围各种应力的作用条件下，就会产生程度不同的底鼓现象，所以岩层含水是巷道底鼓的一个重要原因。

(4) 巷道的大小和形状

巷道底鼓与巷道本身的大小和形状有关，特别宽大的巷道比窄巷道易发生底鼓。

2.5.5.2 控制底鼓的途径及措施

(1) 改变顶板及两帮的支护措施，并优化支护参数；

(2) 减小水对巷道底板的侵蚀作用；

(3) 提高底板围岩的强度；

(4) 限制底板深部围岩变形移动；

(5) 释放底板深部围岩高应力。

2.5.5.3 软岩巷道底板超挖锚注回填卸固机理

超挖锚注回填是首先通过超挖使得底板下的岩体在高应力作用下位移量在一定空间内得以释放，然后对底板施加锚杆和注浆，加固回填层以下的岩体，控制深部岩体的竖向变形程度，最后回填强度较高的混凝土层，达到消除底板岩体因释放应力而发生的变形，并抵抗回填层下岩体大变形的目的。

超挖锚注回填方法实际上是卸压法和底板锚杆、底板注浆方法的联合法。

(1) 对底板进行超挖是卸压的一种方法，其实质是通过对巷道底部一定深度进行超挖，使得被保护巷道底板下深部的应力得到释放，岩层处于应力降低区，从而提高底板岩层的稳定性，减少或者消除底鼓现象。对整个巷道底板进行若干深度的超挖可将支承压力峰值向深部岩体转移，从而保护底板的目的。

(2) 对超挖底板以下进行锚注，一方面增强了下部底板的强度、刚度与稳定性，提高了其抵抗底鼓发生的能力，另一方面，使得被锚注底板与上部混凝土层有机组合，形成高强度抗变形层，共同限制底板变形。

(3) 在超挖部分回填上混凝土层，使得底板移近量恢复为零状态。大面积回填混凝土层一方面将巷道软弱底板置换为高强度坚硬底板，增强了其抵抗变形的能力，另一方面，密实的混凝土回填层在自重的作用下，可以限制下方深部岩层向巷道方向变形。

2.6 本章小结

通过系统了解软岩的特点与工程分类，深入研究分析了大断面软岩巷道的破坏及加固机理，并通过现场实测研究了－650 m南翼大巷变形破坏特征及主要影响因素，主要结论如下：

(1) 地质构造的复杂性造成巷道穿越多个软弱岩层、最大水平主应力方向与巷道延展方向近乎垂直以及采动应力影响等多因素叠合是南翼大巷围岩变形控制困难的主要诱因。

(2) 采用钻孔电视探测得到：南翼大巷掘进迎头顶部和帮部围岩在巷道开挖后变形破坏速度较快，巷道围岩呈现不连续破坏的特征，其中围岩浅部(3 m范围之内)破坏较严重，围岩自承能力大大降低，且破坏向围岩深部发展速度较快；南翼大巷修复迎头顶部和帮部围岩变形破坏严重，围岩松动范围大，局部可达 4 m，且巷道围岩呈现出不连续、非对称破坏的特征，巷道修复迎头顶板和右帮破坏较左帮严重。

(3) 针对大断面软岩巷道的变性破坏特点以及各种支护体系的工作机理，分析大断面软岩巷道破坏机理和加固机理，从而得到适应深部大断面围岩变形规律，使支护体结构得以改善。

3　基本参数测试分析

3.1　现场试样采取

在井下－650 m水平南翼回风大巷及南翼胶带大巷与轨道大巷之间联络巷门口进行井下人工钻孔取芯采样。本次所取岩芯来自4个钻孔。1号、2号孔采样选在南翼回风大巷处，如图3-1中一号点位置，1号、2号钻孔位于同一巷道断面，钻孔取芯方位如图3-2所示；3号、4号孔采样选在南翼胶带大巷与轨道大巷之间联络巷门口处，如图3-1中二号点位置，钻孔取芯方位如图3-3所示。

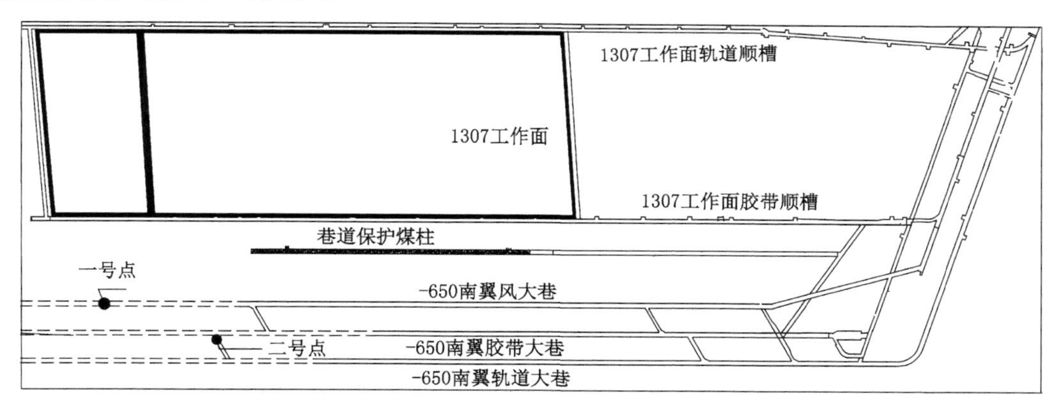

图3-1　井下采样点平面位置示意

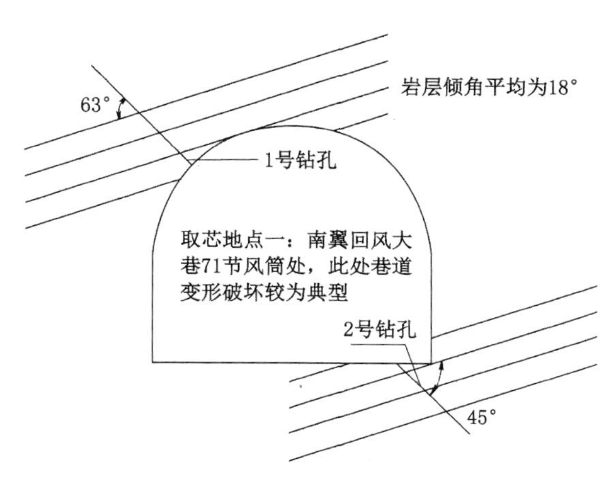

图3-2　1号、2号钻孔施工方位示意图

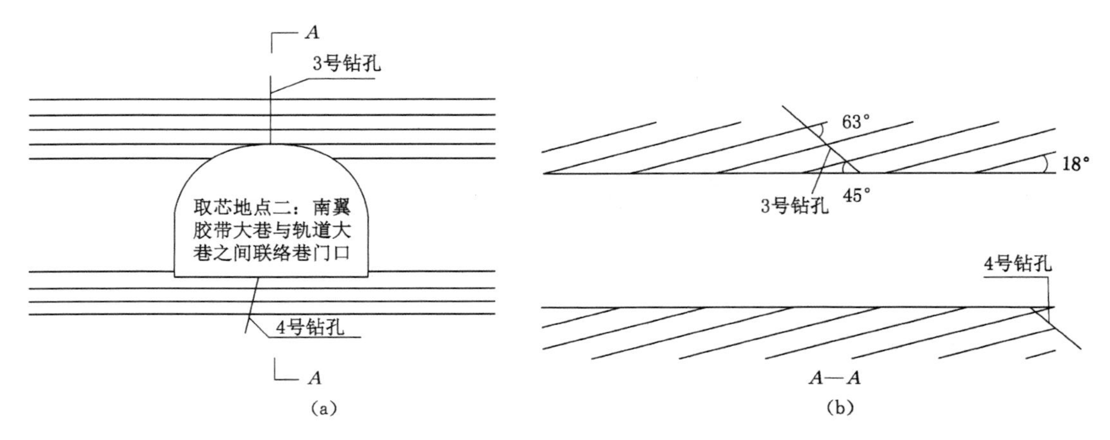

图 3-3　3 号、4 号钻孔施工方位示意图

(a) 巷道截面图；(b) 巷道剖面图

3.2　试验条件及试件制备

试验采用微机控制 RLJW—2000 型岩石伺服压力试验机，该试验设备是目前国内最先进的岩石力学试验系统之一，主机为四柱式加载框架，油缸下置，控制系统采用进口原装德国 DOLI 全数字伺服控制器。可以实现岩石单轴、三轴、岩石直剪、岩石蠕变、岩石松弛等多种类型试验，能够完成不同围压下测量岩石的弹性参数、峰值强度和残余强度等参数测定。试验机的计算机系统采用目前市场上最先进的联想主机，软件在 windows 环境下运行，具有良好的人机界面，采用双屏显示，可以同时显示试验力、位移、变形(轴向、径向)、围压、控制方式、加载速率等多种测量参数以及多种试验曲线。试验完成后可以显示试验结果，进行曲线分析，打印试验报告等，如图 3-4 所示。

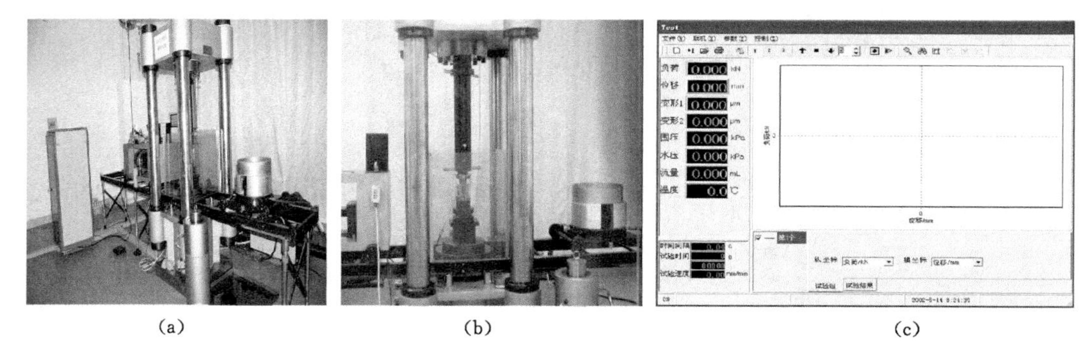

图 3-4　RLJW—2000 型试验机系统及软件界面

根据实验内容需要，本次在实验室内加工制备单轴试验和劈裂试验两种类型的试件。对现场钻孔取芯得到的岩样进行加工，得到圆柱形试件，加工完成的试件如图 3-5 所示。

本次试验共加工试件 83 块，其中 1 号孔试件有 19 块，7 块做单轴压缩试验，12 块做巴西劈裂试验；2 号孔试件有 13 块，3 块做单轴压缩试验，10 块做巴西劈裂试验；3 号孔试件有 34 块，16 块做单轴压缩试验，18 块做巴西劈裂试验；4 号孔试件有 17 块，4 块做单轴压缩试

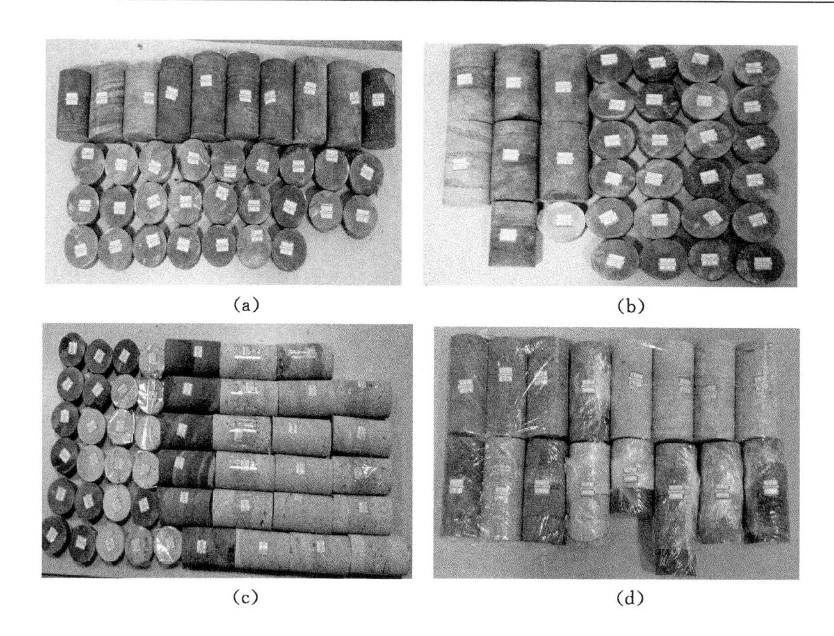

(a)　(b)　(c)　(d)

图 3-5　加工完成的试件

(a) 1 号孔试件；(b) 2 号孔试件；(c) 3 号孔试件；(d) 4 号孔试件

验，13 块做巴西劈裂试验。按照每个孔钻取岩芯岩性，并对照地层柱状图进行分类。试件编号由 3 个数字组成，首数字代表钻孔编号，第二位数字代表钻杆的节号，第三位数字代表本节钻杆加工试件的编号。加工时取自同一段岩芯用相同的次序编号，具体加工情况如表 3-1所列。

表 3-1　加工试件统计表

孔号	单轴压缩试验试件个数	巴西劈裂试验试件个数	合计
1	7	12	19
2	3	10	13
3	16	18	34
4	4	13	17
合计	30	53	83

备注：所加工试件均为圆柱形，直径均在 64～67 mm 之间，高度按照试验类型的不同，取为直径的 2 倍或者 1/2 倍。

3.3　测试原理

3.3.1　密度参数测试

本次试验试件加工成规则的圆柱体，采用量积法进行测试密度。采用游标卡尺量测试件两端和中间三个断面上相互垂直的直径，精度达到 0.01 mm，按平均值计算截面积；采用游标卡尺量测试件端面周边对称的 3 个高度，精度达到 0.01 mm，计算高度平均值。采用电子天平称量试件质量，精度达到 0.01 g，测量 3 次，计算质量的平均值。

量积法按式(3-1)计算试件的密度：

$$\rho=\frac{m}{AH} \tag{3-1}$$

式中 ρ——试件密度，g/cm³；

m——试件质量，g；

A——试件截面积，mm²；

H——试件高度，mm。

3.3.2 变形参数测试

通过单轴压缩变形试验可以测定岩石试件的轴向变形及横向变形特性，据此计算出煤岩的弹性模量和泊松比。弹性模量是轴向应力与轴向应变之比，泊松比是横向应变与轴向应变之比，求解计算见式(3-2)和式(3-3)所列。

试件的平均弹性模量：

$$E_{av}=\frac{\sigma_b-\sigma_a}{\varepsilon_b-\varepsilon_a} \tag{3-2}$$

式中 E_{av}——试件平均弹性模量，MPa；

σ_b——应力与纵向应变关系曲线上直线段终点的应力值，MPa；

σ_a——应力与纵向应变关系曲线上直线段始点的应力值，MPa；

ε_b——应力为 σ_b 时的纵向应变值；

ε_a——应力为 σ_a 时的纵向应变值。

试件的平均泊松比：

$$\mu_{av}=\frac{\varepsilon'_b-\varepsilon'_a}{\varepsilon_b-\varepsilon_a} \tag{3-3}$$

式中 μ_{av}——试件平均泊松比；

ε'_b——应力为 σ_b 时的横向应变值；

ε'_a——应力为 σ_a 时的横向应变值；

ε_b——应力为 σ_b 时的纵向应变值；

ε_a——应力为 σ_a 时的纵向应变值。

煤岩变形测试试验所需的设备主要为：RLJW—2000 型岩石伺服压力试验机；千分表或引伸计。将试件置于试验机承压板中心，调整球形座，使试件两端面接触均匀；在试件两侧分别放置一个千分表，用于测量试件横向变形，在底盘处放置一个千分表用于测量试件轴向变形。测读加载过程的荷载与试件变形值，如图 3-6 所示。

3.3.3 强度参数测试

强度参数的测定主要是用于岩石分类评价依据或作为数值模型的参数赋值提供参考，一般包括单轴抗压强度、抗拉强度、黏结力和内摩擦角等。本次分别进行了单轴压缩试验和

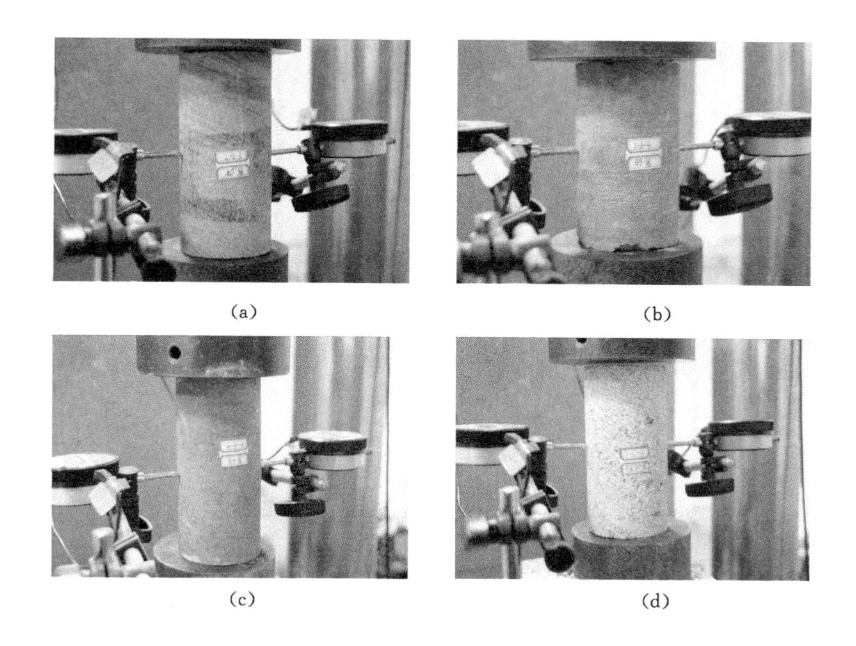

(a) (b)

(c) (d)

图 3-6 岩石试件变形测试试验

巴西劈裂法，研究了岩石的单轴抗压和抗拉强度。

岩石的单轴抗压按式(3-4)进行计算：

$$\sigma_c = \frac{P}{A} \tag{3-4}$$

式中 σ_c——试件单轴抗压强度，MPa；

P——试件破坏荷载，N；

A——试件截面积，mm^2。

岩石的抗拉强度按式(3-5)进行计算：

$$R_t = \frac{2P}{Dt\pi} \tag{3-5}$$

式中 R_t——试件抗拉强度，MPa；

P——试件破坏荷载，N；

D——试件的直径，mm；

t——试件的厚度，mm。

3.4 试件测试结果分析

3.4.1 密度测试结果

1 号孔～4 号孔各段岩石试件平均密度如表 3-2 所列。

表 3-2　　　　密度测试结果

1 号孔 /m	密度 /(g/cm³)	2 号孔 /m	密度 /(g/cm³)	3 号孔 /m	密度 /(g/cm³)	4 号孔 /m	密度 /(g/cm³)
0～5.5	2.575	0～3.3	2.605	0～2.2	2.465	0～3.3	2.465
5.5～8.8	2.57	4.4～7.7	2.517	2.2～9.9	2.461	3.3～9.9	2.516
8.8～11	2.54	7.7～11	2.577	9.9～11	2.520	9.9～11	2.515

3.4.2　变形测试结果

部分岩石试件的应力—应变曲线如图 3-7 所示。

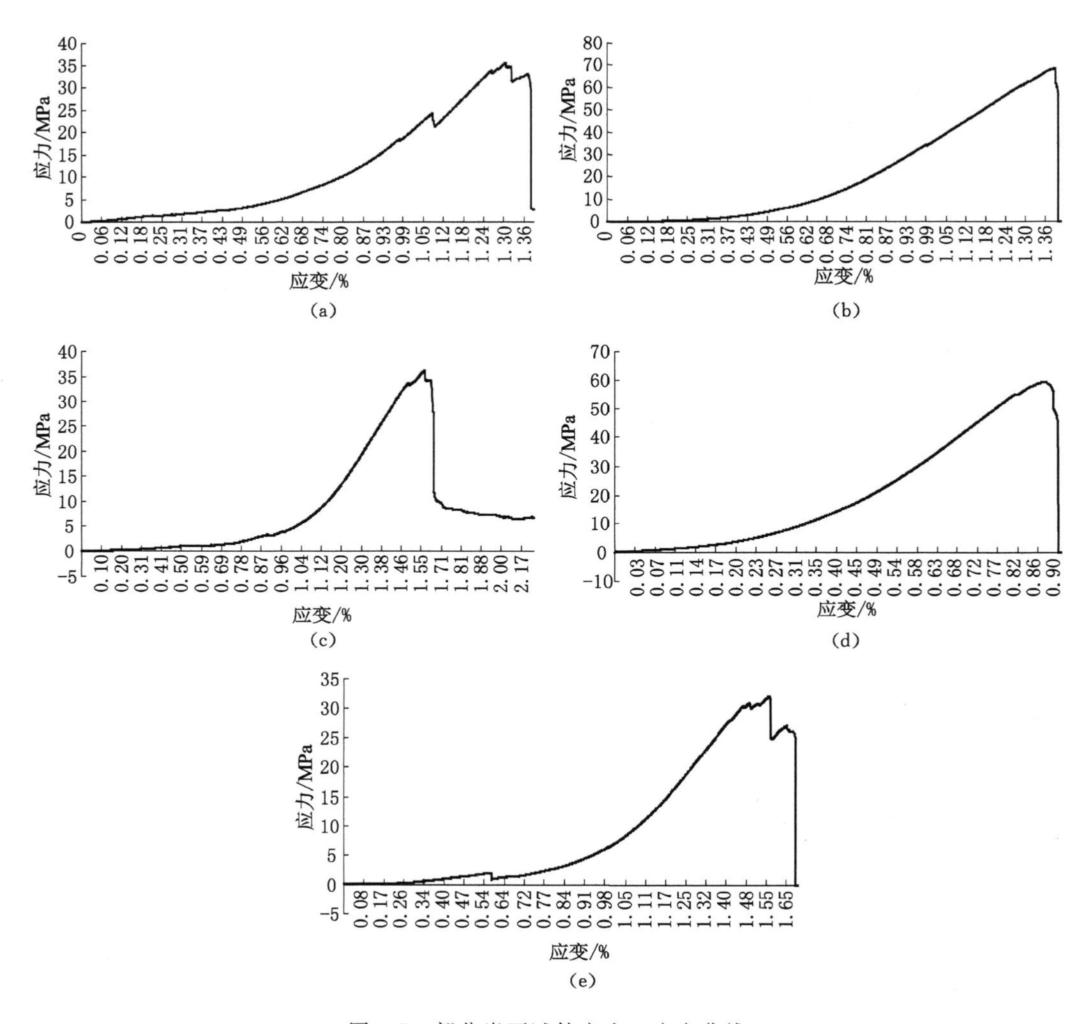

图 3-7　部分岩石试件应力—应变曲线

(a) 1-6-5 试件;(b) 1-7-6 试件;(c) 2-3-7 试件;(d) 3-3-5 试件;(e) 4-6-1 试件

根据测试数据,运用式(2-2)和式(2-3)得:1 号孔 0～5.5 m 范围内泥岩的平均弹模为 3.10 GPa,泊松比为 0.11;5.5～8.8 m 范围内粉砂岩的平均弹模为 5.89 GPa,泊松比为

0.25,8.8～11 m范围内泥岩的平均弹模为4.30 GPa,泊松比为 0.10。2 号孔 0～3.3 m 范围内细砂岩的平均弹模为 7.84 GPa,泊松比为 0.13;4.4～7.7 m 范围内泥岩的平均弹模为 4.68 GPa,泊松比为 0.10;7.7～11 m 范围内未能加工出满足单轴试验标准的试件,故变形参数未能够测出。3 号孔 0～2.2 m 和 9.9～11 m 范围内未能加工出满足单轴试验标准的试件,故变形参数未能够测出,2.2～9.9 m 范围内中砂岩的平均弹模为 5.23 GPa,泊松比为 0.18。4 号孔细砂岩的平均弹模为 5.23 GPa,泊松比为 0.13。

3.4.3　强度测试结果

分别对 1 号孔、2 号孔、3 号孔、4 号孔试件单轴压缩强度共进行了强度测试分析,获得了南翼大巷围岩天然试件的基本物理力学参数,如表 3-3 所列。

表 3-3　岩石试件基本物理力学参数

孔号	分　类	密度/(g/cm^3)	弹性模量/GPa	泊松比	抗压强度/MPa	抗拉强度/MPa
1	泥岩(0～5.5 m)	2.575	3.10	0.11	24.13	3.92
	粉砂岩(5.5～8.8 m)	2.57	5.89	0.25	47.46	5.82
	泥岩(8.8～11 m)	2.54	4.30	0.10	28.05	4.84
2	细砂岩(0～3.3 m)	2.605	7.84	0.13	41.67	9.32
	泥岩(4.4～7.7 m)	2.517	4.68	0.10	25.98	2.18
	中砂岩(7.7～11 m)	2.577	—	—	—	4.37
3	泥岩(0～2.2 m)	2.465	—	—	—	2.22
	中砂岩(2.2～9.9 m)	2.461	5.23	0.18	30.14	4.49
	泥岩(9.9～11 m)	2.520	—	—	—	3.70
4	泥岩(0～3.3 m)	2.465	—	—	—	5.45
	细砂岩(3.3～9.9 m)	2.516	5.23	0.13	31.85	3.76
	泥岩(9.9～11 m)	2.515	—	—	—	1.63

注:表中“—”表示由于岩石较破碎,未能加工出满足试验标准的试件,故未能测得其参数。

3.4.4　饱水试件密度测试

采用自由进水法饱和试件时,将试件放入水槽,先注入水至试件高度 1/4 处,以后隔 2 h 分别注水至试件高度的 1/2 和 3/4 处,6 h 后全部浸没试件,试件在水中自由吸水 48 h 后,取出试件并沾去表面水分秤重。

饱水后的试件同样采用量积法进行密度测试,并按式(2-1)计算试件的密度。

试验对 1-5-3、1-5-4、2-1-2、2-5-3、2-5-6、2-7-1、3-10-1、4-4-3、4-10-5、4-10-6 十个试件进行了浸水处理,但是 1-5-4、2-1-2、2-7-1、4-4-3 等试件由于浸水的原因,试件本身出现裂纹或者破碎,未能进行试验,试件密度测试结果如表 3-4 所列。

表 3-4　　饱水试件密度测试结果

序号	试件编号	直径/mm		高度/mm		饱水质量/g	密度/(g/cm^3)	
		测定值	平均值	测定值	平均值		测定值	平均值
1	1-5-3	66.10	66.11	33.04	33.06	289.18	2.55	2.55
		66.12		33.08				
		66.11		33.07				
2	2-5-3	66.42	66.39	32.66	32.70	283.09	2.50	2.51
		66.36		32.74				
		66.39		32.71				
3	2-5-6	66.40	66.43	33.04	32.97	286.47	2.51	
		66.46		32.90				
		66.42		32.97				
4	3-10-1	66.68	66.59	33.42	33.44	281.17	2.41	2.41
		66.50		33.46				
		66.58		33.43				
5	4-10-5	66.46	66.38	34.50	34.45	311.95	2.62	2.58
		66.38		34.40				
		66.30		34.44				
6	4-10-6	65.20	64.97	32.46	32.63	276.26	2.55	
		64.82		32.44				
		64.90		33.00				

从表 3-4 可以看出，4 个钻孔中取出的岩石经浸水饱和后密度相差不大，其中 1 号钻孔岩石饱水后密度为 2.55 g/cm^3，2 号钻岩石饱水后密度为 2.51 g/cm^3，3 号钻孔岩石饱水后密度平均为 2.41 g/m^3，4 号钻孔岩石饱水后密度为 2.58 g/cm^3。

但在试验过程中，部分岩石试件浸水一定时间后出现崩解现象，分析原因，认为岩石内含有膨胀性的黏土矿物，当岩石试件浸水后，由于渗透作用的影响亲水的黏土矿物迅速吸附大量的水分子进而引起岩石试件自身微结构的破坏，膨胀变形后，导致岩石试件的崩解。

3.4.5　饱水试件抗拉强度测试

对岩石饱水试件同样用巴西劈裂法测试其抗拉强度。饱水试件压缩破坏形态如图 3-8 所示，测得饱水岩石试件的抗拉强度与天然试件的抗拉强度对比如表 3-5 所列。

图 3-8 饱和岩石试件劈裂破坏形态

(a) 岩石试件 1-5-3;(b) 岩石试件 3-10-1;(c) 岩石试件 2-5-3;(d) 岩石试件 2-5-6

表 3-5 饱水试件与天然试件抗拉强度对比

试件编号	岩性	强度/MPa	平均强度/MPa	对比试件	岩性	强度/MPa	平均强度/MPa
1-5-3	泥岩	4.08	4.08	1-5-5	泥岩	5.17	5.23
				1-5-7	泥岩	5.29	
2-5-3	泥岩	2.34	1.91	2-5-5	泥岩	2.62	2.62
2-5-6	泥岩	1.46					
3-10-1	泥岩	1.97	1.97	3-10-3	泥岩	3.70	3.70
4-10-5	泥岩	0.76	0.65	4-10-2	泥岩	1.63	1.63
4-10-6	泥岩	0.54		4-10-4	泥岩	1.63	

由表 3-5 并且结合图 3-8 可以得出:饱水状态的岩石试件与天然状态岩石试件相比,4 个钻孔岩石试件的抗拉强度明显降低,1 号钻孔抗拉强度由原来的 5.23 MPa 降低至 4.08 MPa,2 号钻孔抗拉强度由原来的 2.62 MPa 降低至 1.91 MPa,3 号钻孔抗拉强度由原来的 3.70 MPa 降低至 1.97 MPa,4 号钻孔的抗拉强度由原来的 1.63 MPa 降低至 0.65 MPa。试验结果说明,南翼大巷围岩稳定受水影响严重,大巷施工过程中要及时处理底板的积水并进行全断面喷浆将围岩封闭,避免受水的影响使围岩强度和自身承载能力降低,造成巷道围岩稳定控制困难。

3.4.6 岩石单轴蠕变测试

为保证在加载时不对试件产生冲击，每级荷载的加载速率取每秒 40 N/s。各级荷载持续一定时间，之后施加下一级荷载。根据前面围岩基本力学特性试验结果，岩石单轴抗压强度取为 25.98～28.09 MPa，平均值为 27.04 MPa，试件 1-9-4，3-10-2 和 4-10-1 用于单轴蠕变试验，所施加各级应力分别为单轴抗压强度的 20%、40%、60%、70%、75%、80%、85%、90%、95%并根据试验情况适时调整。

得到试件的加载方式曲线和应变—时间曲线，如图 3-9 至图 3-11 所示。

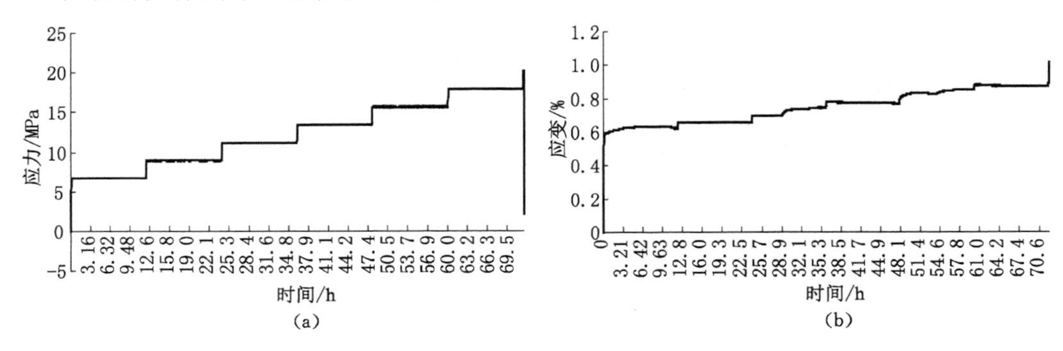

图 3-9 试件 1-9-4 蠕变试验曲线

(a) 加载方式曲线；(b) 实测应变—时间曲线

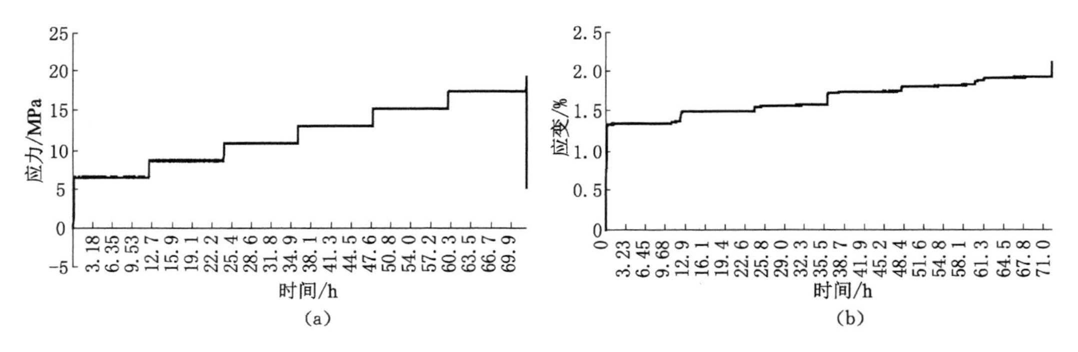

图 3-10 试件 3-10-2 蠕变试验曲线

(a) 加载方式曲线；(b) 实测应变—时间曲线

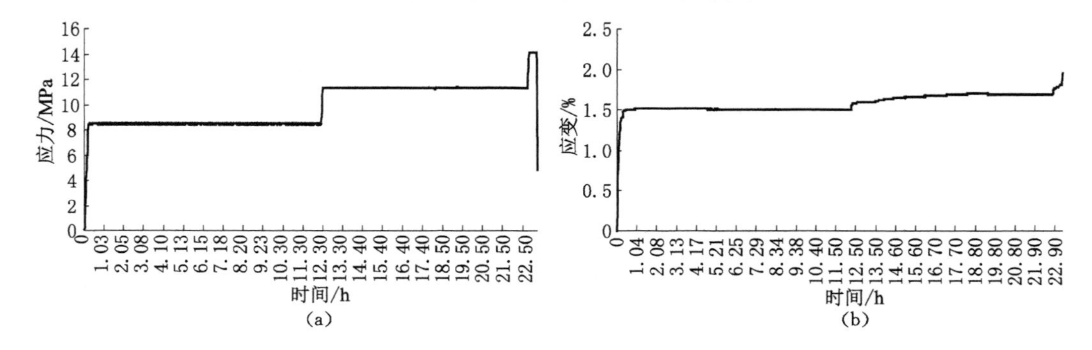

图 3-11 试件 4-10-1 蠕变试验曲线

(a) 加载方式曲线；(b) 实测应变—时间曲线

由图 3-9 至图 3-11 可以看出，随着应力的逐级增加，岩样蠕变大致分为三个阶段——瞬时应变、平稳应变和加速应变。

（1）第一阶段——瞬时施加轴向应力之后，岩样立刻产生瞬时的轴向应变，而且随着轴向应力的增大，岩石的轴向应变也随之增大。

（2）第二阶段——岩石产生了瞬时变形之后，应变增量随时间逐渐衰减，各应力水平下蠕变衰减阶段较明显。低应力水平下，应变在短时间内衰减后保持稳定；随着应力水平的增高，岩石蠕变衰减稳定的时间增大。

（3）第三阶段——当岩样加载到某一应力点或者超过某一应力时则会发生短时间的破坏。分析实测应变—时间曲线可以得到：试件 1-9-4，当载荷加载到应力为 20 MPa 的第 7 个分级时，试样以较短的时间破坏。试件 3-10-2 在荷载加载到应力为 19 MPa 时岩样经过短暂时间后直接加速破坏。试件 4-10-1 在荷载加载到应力为 12 MPa 的第三个分级时，岩样经过短暂时间后直接加速破坏。

上述蠕变试验结果表明：南翼大巷围岩具有不稳定的蠕变特性，岩石的长期强度，即岩石发生不稳定蠕变的临界强度为 12～20 MPa。巷道掘进造成围岩产生应力集中，超过岩石发生不稳定蠕变的临界强度，掘进后巷道围岩将产生不稳定的流变大变形，若支护不当，巷道容易发生流变破坏。

4 软岩穿层巷道失稳分析

4.1 软岩穿层巷道失稳主要影响因素

4.1.1 岩层赋存特征的影响

岩层赋存特征是影响围岩稳定性的最基本因素，是其物质基础。不同的岩石，其矿物组成和结构具有较大差异，导致其具有不同的力学特征。煤系地层一般均为沉积地层，沉积相对沉积岩的特征起着关键作用。岩层形成以后，随着沉积相的变化和沉积层的继续增加，一方面，受到上覆岩层垂直应力的作用，岩层不断被压密，原生节理或者闭合，或者逐渐发育；另一方面，受到构造应力等因素的影响，完整岩层被不断分割，形成各种不连续面。在两者的综合影响下，岩层不断被改造和破坏，成为不连续、非均质、各向异性材料。

煤矿主采煤层位于石炭二迭系山西组，属浅水三角洲沉积相，是聚煤有利场所，形成的3#煤层厚度大而稳定，聚煤期后经历了较为显著的构造运动，形成了嘉祥断裂和济宁断裂，3#煤层整体位于上述两个断裂之间，受构造应力影响较大。主采水平标高－650 m，北三采区开采标高达－950 m，属典型深部开采。－650 m水平三条石门至北三采区开拓巷道(回风大巷、胶带大巷、轨道大巷)，井下位于－650 m水平以南，1307工作面以东，横穿DF54、DF52断层、DF38断层，到达DF16断层截止。地质构造复杂，断层附近围岩较为破碎，且3条大巷掘进过程中穿过多个软弱泥岩，增加了巷道控制难度，再加上构造应力和垂直应力的综合作用，使得巷道围岩呈现出高应力、多节理、较破碎的特征，其RQD值指标为Ⅳ—Ⅴ级，属于差—极差围岩。

4.1.2 地应力的影响

大量工程实践表明，巷道所处的位置及展布方向对其稳定性有较大意义，巷道开挖以后，受到原岩应力、采动应力及相邻采掘工作面扰动的影响，其围岩所处的力学状态在时空上有较大变化，特别是在深部环境下，受到“三高一扰动”影响，巷道围岩支护及加固变得更加复杂。

(1) 原岩应力

原岩应力是指存在于地层中的未受工程扰动的天然应力，它是由于岩体受各种地质应力而引起变形，进而表现出来的力。就深部沉积岩层而言，主要受到岩体重力场和构造应力场的作用，有时也会受到岩浆侵入等因素的控制。地应力的大小和方向随时间和空间位置的不同而变化，构成地应力场。由于我国煤矿分布地域广、岩层构造复杂，造成不同矿区的原岩应力分布有很大的区别，有的矿区以构造应力为主，有的以上覆岩层的重力为主，但大部分矿区以构造应力为主，构造应力与垂直应力的比值范围为1.2～2.9。

-650 m水平大巷上覆岩层重力导致了较大的垂直应力场，此外该区域构造活动也比较明显，构造应力是最大主应力，具有明显的构造应力场。

(2) 采动应力

煤矿采掘等地下工程活动引起原岩应力重新分布后形成的应力称为采动应力，也称为次生应力、二次应力。受地质条件、采掘活动等因素影响，采动应力的扰动规模和程度与原始应力有很大的区别。采动应力分布有很大的差异性，主要表现在两个方面：一方面会产生应力的集中，应力集中区域内采动应力远远大于原始应力；另一方面会产生应力释放，应力释放区域(卸压区)采动应力比原始应力又小很多。

采动应力特征包括煤岩中的应力值、方向和其与原岩应力的比值。采掘等工程活动发生后，煤岩体内部应力大小、方向都将发生变化，而且处于一个动态变化过程。当应力超过围岩所能承受的最大应力后，围岩自稳将会失效，发生塑性变形。随着应力的继续增加和集中，煤岩体会发生突然失稳现象，引发冲击地压、煤与瓦斯突出、煤壁片帮及顶板塌陷等煤岩动力灾害。

对采动应力集中系数，国内外学者都做了大量的研究。波兰采矿研究总院[155]提出，在煤体单向抗压强度$\sigma_c>25$ MPa时，巷道采动应力集中系数$K=3.0$；在$\sigma_c<25$ MPa时，采动应力集中系数$K=2.5$的经验值。国外学者萨文在书中提出采动应力集中系数$K=1.5\sim5$[156]。若煤柱尺寸为10 m，当受两侧采动影响时，应力集中系数为4.86，同时，有关研究表明[157]，随着采深H的增加，采动应力集中系数K呈负指数递减：

$$K=\begin{cases}1+1.6e^{-0.0004H} & (\sigma_c<9.5\ \text{MPa})\\ 1+2.16e^{-0.00068H} & (\sigma_c<16.7\ \text{MPa})\\ 1+3.04e^{-0.00075H} & (\sigma_c<23.4\ \text{MPa})\end{cases} \tag{4-1}$$

-650 m水平大巷经过多层高应力泥岩，巷道掘进穿层过程中，将释放掉一部分应力，与此同时也对围岩造成了扰动，形成一定范围的松动圈，使得围岩岩体强度降低，受深部未受采动影响区域高应力的影响，围岩可能出现大变形，甚至失稳破坏。巷道穿过断层的过程中，不仅要承受断层附近高应力的影响，还受断层形成不整合面的制约，形成断层成因不整合面穿层工况。该工况的特点体现在高应力穿层和岩体破碎，巷道掘进施工工艺和管理要求较高。三条大巷同时采用钻爆法掘进，造成每条巷道掘进均对相邻巷道有一定的影响，而巷道掘进后期，还要受到相邻采掘工作面的二次扰动，更都增加了巷道控制难度。

(3) 大巷延展方向与构造应力夹角

根据最大水平主应力理论，由于地应力场具有明显的方向性，巷道轴向与最大水平主应力方向成90°时，受最大水平主应力的影响最大，对巷道的稳定性最不利。随着两者夹角的逐渐降低，最大水平主应力对巷道稳定性的影响逐渐降低。当巷道轴向与最大水平主应力方向成0°时，最大水平构造应力对于巷道的稳定性影响最小。

根据地应力测试结果，其最大主应力方位角约为110°，与大巷延展方向近似垂直，对巷道维护极为不利，将对巷道围岩控制造成极大的影响。图4-1表示最大主应力与大巷位置关系。

以南翼回风大巷为例，分析构造应力影响下巷道围岩破坏情况，如图4-2所示，其中，巷道顶板偏左岩石强度较低，与左帮相比，右帮软弱岩层面积较大。受最大主应力的影响，巷道围岩从岩性软弱处开始破坏，右肩角和右帮出现了鼓皮现场，顶板偏左喷层呈现出破碎特征。

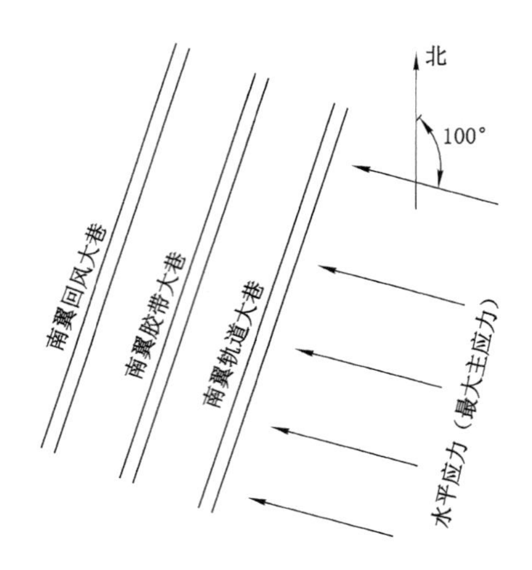

图 4-1　最大主应力与大巷位置关系示意图

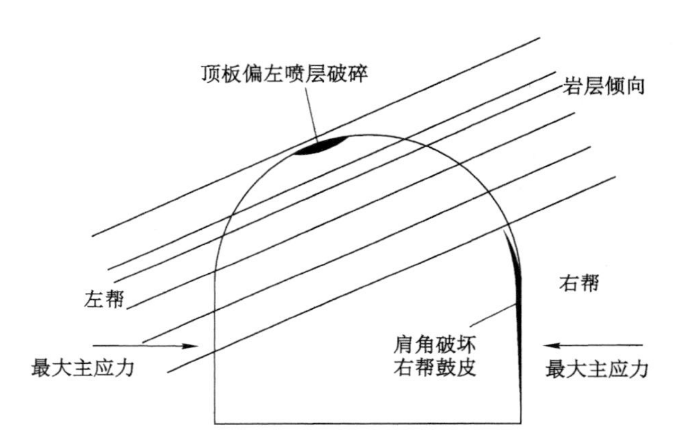

图 4-2　南翼回风大巷受最大主应力及破坏情况示意图

4.1.3　岩溶水和温度对软岩的影响

软岩具有“软”和“弱”的力学特征。“软”是指受到力的作用后容易发生变形，“弱”是指岩石的强度较低。其微观结构具有“松”和“散”的特征。“松”是指其结构疏松、孔隙率较大，“散”是由于其在成岩过程中由沉积和压紧、少固结、成岩时间短造成的。

4.1.3.1　岩溶水侵蚀作用对软岩力学性质及蠕变的影响

（1）软岩弹性模量随着酸碱度的增大而减小

弹性模量为软岩抵抗弹性变形能力的表征。由于岩溶水对石灰岩的侵蚀作用，使得软岩本身的结构发生了变化，从而使其抵抗变形的能力减弱。

（2）软岩的承载能力降低

若岩溶水呈酸性，其侵蚀作用对软岩承载能力影响极大，将导致软岩承载能力显著降低。

（3）瞬时弹性变形量减小

瞬时弹性变形量将随着应力差的增大及岩溶水酸碱度的增大而减小。

(4) 增大了蠕变速率及蠕变值

随着岩溶水酸碱度的增大,软岩的蠕变值和蠕变速率增大,且酸性环境下的蠕变值和蠕变速率的变化明显大于碱性和中性环境下的变化。这是由于酸碱性岩溶水的侵蚀和化学反应,使得软岩内部的缺陷增大,因此在相同应力差下便会有更多的空隙或分子扩散,从而使软岩发生了更大的变形。

4.1.3.2　温度对软岩力学性质及蠕变的影响

(1) 温度对蠕变及蠕变速率的影响

有关研究表明:软岩的蠕变不仅与其所受应力状态有关,而且与环境温度有关,随着温度的增加,盐岩的初始蠕变极限值增大,稳态蠕变应变率增大,甚至能在载荷不增加的情况下发生加速蠕变。这是因为,温度的升高给原子和空位提供了热激活的可能,借助于外力,位错可以克服某些障碍得以运动,自扩散激活能降低,扩散运动趋于活跃,晶界相对滑动引起明显的塑性变形,蠕变及蠕变速率都呈增大趋势。

按照岩石的应力应变本构曲线,岩石在受载后均有一段弹性阶段,然后随着内部结构的调整,逐渐由线性向非线性过渡。在以元件表示的流变模型中,通常认为弹性应变是瞬时发生的,与一定的应力相对应,用虎克体来表示。一维状态下:$\varepsilon_{\mathrm{M}}=\sigma/E$。若改变外界环境,温度升高,则有热应变产生 $\varepsilon_{\mathrm{T}}=\alpha T$,此时总的弹性应变便成为:$\varepsilon=\varepsilon_{\mathrm{T}}+\varepsilon_{M}$,要大于不考虑温度时的总应变。也就是说,温度的升高导致岩石蠕变量增大。

(2) 温度对强度的影响

温度变化对软岩强度有显著的影响,处于高温下的岩石,其长期强度将有明显的降低。从微观角度来看,温度的升高将导致岩石矿物内部分子运动加剧,黏滞力降低,由脆性向延性转化;处在裂隙水溶液中的矿物颗粒发生向吸热方向进行的热化学反应,边界被腐蚀,孔隙性进一步增强;孔隙流体膨胀,孔隙压增大,有效应力减小,总体上强度降低。

此外,大量研究表明,随着温度的升高,岩石的弹性模量会降低,黏滞性也降低。

4.1.4　掘进方式影响

随着材料科学和机械设备的不断发展,巷道掘进设备得到不断提升,出现了一批先进的掘进和装载运输设备,带动了掘进工艺的进步。如综掘机、掘锚机或连采机等配合梭车、转载破碎机及胶带掘进工艺,大幅度提高了掘进速率,降低了掘进过程对围岩的扰动,有效提高了成巷质量。上述掘进工艺在煤巷掘进过程中使用较为方便,岩巷掘进过程中受岩性等因素的影响,目前仍普遍使用钻爆法进行施工。

−650 m 水平大巷采用钻爆法破岩、耙斗装载机装岩、小矿车运输的掘进工艺,采用阶梯式爆破法进行爆破,先破直角墙上部半圆拱,而后对直角墙部分进行爆破。在整个爆破过程中,巷道围岩经历了两次爆破扰动,对围岩有一定的破坏,使得原本破碎的围岩裂隙进一步增多,巷道维护更加困难。

4.2　软岩穿层巷道失稳破坏力学分析

南翼三条大巷在井下位于−650 m 水平以南,1307 工作面以东,横穿 DF54、DF52 断层、DF38 断层,至 DF16 断层,地质构造复杂。大巷处在构造应力和高应力区域,围岩在很大的水平挤压力下其顶底板岩层直接承受着水平构造应力的作用，而由于开挖的作用，巷道的两帮围岩解除了水平应力作用，处于弹性恢复状态。因此，构造应力主要引起巷道底板岩层发生屈曲破坏，巷道顶板岩层发生挤压破坏。下面分别从底板和顶帮围岩支护结构体两个角度分别分析其受力情况，研究其变形破坏机理。

4.2.1 底板变形破坏机理分析

在巷道底板岩层受力模型的研究上，以前学者[158]也有所研究，基本上都是在巷道没有穿层或构造应力影响较小、底板受到的支撑压力为均布荷载等情况下进行的，但是现场情况非常复杂，巷道顶底板所受均布荷载的情况很少。

而针对南翼软岩大巷所在位置的特殊情况，巷道过多个岩层，构造应力大，巷道底板岩层所受的支撑荷载是非均布荷载。根据岩体力学和弹性力学理论建立了梯形荷载作用下的巷道底板受力模型，如图 4-3 所示，q 为上覆岩层自重应力，λ 为侧压系数，q_1、q_2 分别为底板岩层两侧垂直载荷，h 为底板岩层厚度，l 为巷道宽度。底板岩层的自重抑制其屈曲的产生，由于巷道埋深较大，受研究底板岩层的自重远小于巷道上覆岩层自重 q，可忽略不计。

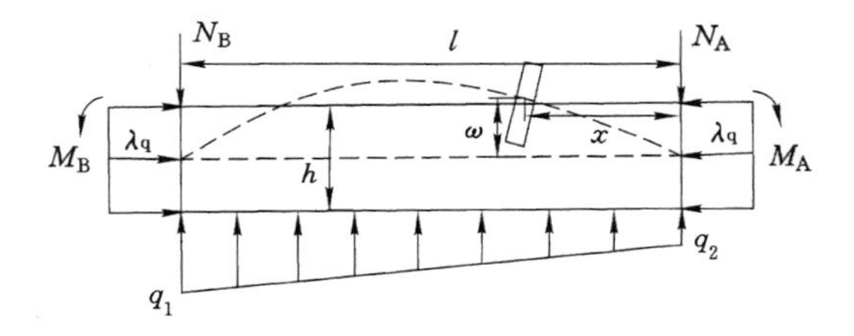

图 4-3 大巷底板岩层力学模型

根据模型受力平衡计算可得：

$$\left.\begin{aligned}M_A &= \frac{2q_1+3q_2}{60}l^2\\M_B &= \frac{3q_1+2q_2}{60}l^2\\N_A &= \frac{3q_1+7q_2}{20}l\\N_B &= \frac{7q_1+3q_2}{20}l\end{aligned}\right\}\tag{4-2}$$

由材料力学知识可知，在如图 4-3 所示载荷作用下，巷道底板岩层的弯曲变形方程为：

$$\frac{d^2\omega}{dx^2}=\frac{M_x}{EI}\tag{4-3}$$

式中，

$$M_x = N_A x - M_A - M_{q(x)} = \lambda q h\omega\tag{4-4}$$

将式(4-2)带入式(4-3)得：

$$\frac{d^2\omega}{dx^2}=-\frac{1}{EI}\left[\frac{3q_1+7q_2}{20}lx-\frac{2q_1+3q_2}{60}l^2-\frac{3q_2lx^2-(q_2-q_1)x^3}{6l}+\lambda qh\omega\right]\tag{4-5}$$

令 $K^2=\dfrac{\lambda qh}{EI}$，$E$ 为梁的弹性模量，I 为梁的惯性矩，则式(4-5)简化为：

$$\frac{\mathrm{d}^2\omega}{\mathrm{d}x^2}+K^2\omega=-\frac{K_2}{\lambda qh}\left[\frac{3q_1+7q_2}{20}lx-\frac{2q_1+3q_2}{60}l^2-\frac{3q_2lx^2-(q_2-q_1)x^3}{6l}\right] \tag{4-6}$$

式(4-5)是一个标准的二阶常微分方程，对应齐次方程$\frac{\mathrm{d}^2\omega}{\mathrm{d}x^2}+K^2\omega=0$的通解为：

$$\omega_1=A\cos Kx+B\sin Kx \tag{4-7}$$

式中，A、B为两个待定常数。

对于非齐次项$-\frac{K_2}{\lambda qh}\left[\frac{3q_1+7q_2}{20}lx-\frac{2q_1+3q_2}{60}l^2-\frac{3q_2lx^2-(q_2-q_1)x^3}{6l}\right]$的特解是：

$$\omega_2=\frac{q_1-q_2}{6\lambda qhl}x^3+\frac{q_2}{2\lambda qh}x^2-\frac{1}{\lambda qh}\left(\frac{3q_1+7q_2}{20}l-\frac{q_2-q_1}{K^2l}\right)x+\frac{1}{\lambda qh}\left(\frac{2q_1+3q_2}{60}l^2-\frac{q_2}{K^2}\right) \tag{4-8}$$

因此方程的通解为：

$$\omega=\omega_1+\omega_2$$

即：

$$\omega=A\cos Kx+B\sin Kx+\frac{q_1-q_2}{6\lambda qhl}x^3+\frac{q_2}{2\lambda qh}x^2-\frac{1}{\lambda qh}\left(\frac{3q_1+7q_2}{20}l-\frac{q_2-q_1}{K^2l}\right)x+\frac{1}{\lambda qh}\left(\frac{2q_1+3q_2}{60}l^2-\frac{q_2}{K^2}\right) \tag{4-9}$$

两端固定梁有边界条件：

$$\left.\begin{aligned}\omega\,|_{x=0}&=0\\ \omega\,|_{x=l}&=0\end{aligned}\right\} \tag{4-10}$$

将式(4-8)代入式(4-9)并解之，得到两待定系数为：

$$A=-\frac{1}{\lambda qh}\left(\frac{2q_1+3q_2}{60}l^2-\frac{q_2}{K^2}\right)$$

$$B=\frac{1}{\lambda qh\sin Kl}\left[\frac{q_1}{K^2}-\frac{3q_1+2q_2}{60}l^2+\left(\frac{2q_1+3q_2}{60}l^2-\frac{q_2}{K^2}\right)\cos Kl\right]$$

将A、B带回式(4-8)可得梁的弯曲挠度方程为：

$$\omega=-\frac{\cos Kx}{\lambda qh}\left(\frac{2q_1+3q_2}{60}l^2-\frac{q_2}{K^2}\right)+\frac{\sin Kx}{\lambda qh\sin Kl}\left[-\frac{3q_1+2q_2}{60}l^2+\frac{q_1}{K^2}+\left(\frac{2q_1+3q_2}{60}l^2-\frac{q_2}{K^2}\right)\cos Kl\right]+\frac{q_1-q_2}{6\lambda qhl}x^3+\frac{q_2}{2\lambda qh}x^2-\frac{x}{\lambda qh}\left(\frac{3q_1+7q_2}{20}l-\frac{q_2-q_1}{K^2l}\right)+\frac{1}{\lambda qh}\left(\frac{2q_1+3q_2}{60}l^2-\frac{q_2}{K^2}\right) \tag{4-11}$$

岩梁的弯矩可表示为$M=El\omega''$，则推导得出底板岩梁的弯矩方程为：

$$M=\cos Kx\left(\frac{2q_1+3q_2}{60}l^2-\frac{q_2}{K^2}\right)+\frac{\sin Kx}{\sin Kl}\left[-\frac{3q_1+2q_2}{60}l^2+\frac{q_1}{K^2}+\left(\frac{2q_1+3q_2}{60}l^2-\frac{q_2}{K^2}\right)\cos Kl\right]+\frac{q_1-q_2}{K^2l}x+\frac{q_2}{K^2} \tag{4-12}$$

针对式(4-11)进行结论验证，在$q_1=q_2=q$情况下，即当岩层倾角造成的巷道两侧载荷差异忽略不计时，原模型可简化为受二向均布载荷下巷道底板受力模型，则大巷底板岩层弯矩及挠度方程可分别简化为：

$$\omega=\frac{1}{\lambda h}\left(\frac{1}{K^2}-\frac{l^2}{12}\right)\cos Kx+\frac{1}{\lambda h}\left(\frac{1}{K^2}-\frac{l^2}{12}\right)\tan\left(\frac{Kl}{2}\right)\sin Ks+\frac{1}{2\lambda h}\left(x^2-lx+\frac{l^2}{6}-\frac{2}{K^2}\right) \tag{4-13}$$

$$M=q\cos Kx\left(\frac{l^2}{12}-\frac{1}{K^2}\right)+q\sin Kx\left(\frac{l^2}{12}-\frac{1}{K^2}\right)\tan\frac{Kl}{2}+\frac{q}{K^2} \tag{4-14}$$

由式(4-12)和式(4-13)可知，在二向均布载荷作用下，大巷底板岩层弯矩及挠度状况受垂直应力 q、水平应力 λq、巷道宽度 l、岩层厚度 h 及其抗弯刚度 EI 等参数影响。当 $x=\frac{l}{2}$ 时，得到挠度值为 $\omega_{\max}=\frac{1}{\lambda hK^2}\left[\left(1-\frac{l^2K^2}{12}\right)\sec\frac{Kl}{2}-\left(\frac{l^2K^2}{24}+1\right)\right]$，弯矩值为 $M_{\max}=\left(\frac{ql^2}{12}-\frac{q}{K^2}\right)\cos\frac{Kl}{2}\left(1+\tan^2\frac{Kl}{2}\right)+\frac{q}{K^2}$，均为最大值，此处为梁的破坏发生位置。

4.2.2 拱形巷道围岩结构体变形机理分析

为了研究穿层巷道顶帮围岩变形破坏机理，以－650 m 水平南翼回风大巷为工程背景，如图 4-4(a)所示，将锚固范围内的围岩体视为由围岩与锚杆(注浆)体组成的“结构体”，基于结构力学无铰拱理论，考虑到工程实践中岩层界面及倾角的影响，建立梯形载荷作用下对称等截面无铰拱的顶帮围岩结构体力学模型如图 4-4(b)所示，分析该结构的变形破坏机理，为合理支护加固设计提供依据。

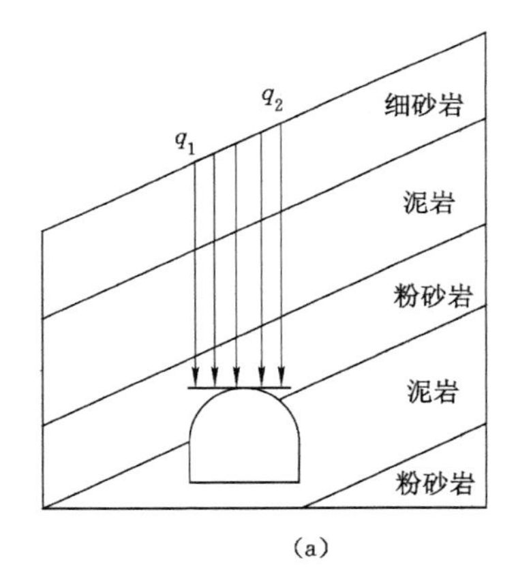

(a)

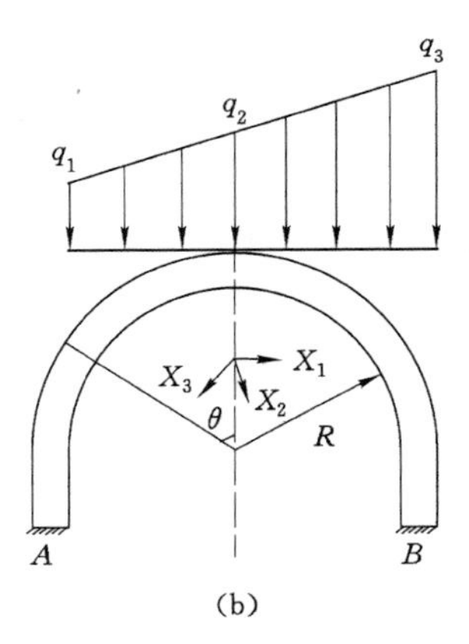

(b)

图 4-4 大巷顶帮支护结构体力学模型

为了简化计算和分析，以左半部分为例进行研究。在拱顶中点截开，加刚臂引至弹性中心 C，沿着主方向假设有未知力 X_1、X_2、X_3，未知力满足下列 3 个独立的力法基本方程：

$$\left.\begin{aligned}\delta_{11}X_2+\Delta_{1P}=0\\ \delta_{22}X_2+\Delta_{2P}=0\\ \delta_{33}X_3+\Delta_{3P}=0\end{aligned}\right\} \tag{4-15}$$

式中 δ_{11}、δ_{22}、δ_{33}——只与拱的几何形状有关的主形常数；

Δ_{1P}、Δ_{2P}、Δ_{3P}——与外载作用有关的载荷常数。

在单位未知力作用下，基本结构的内力为：

当 $X_1=1$ 作用下，$\overline{M}_1=1$，$\overline{Q}_1=0$，$\overline{N}_1=0$。

当 $X_2=1$ 作用下，$\overline{M}_2=R\left(\frac{2}{\pi}\cos\theta\right)$，$\overline{Q}_2=-\sin\theta$，$\overline{N}_2=\cos\theta$。

当 $X_3=1$ 作用下，$\overline{M}_3=-R\sin\theta$，$\overline{Q}_3=\cos\theta$，$\overline{N}_3=\sin\theta$。

式中 $\overline{M}_1$、$\overline{Q}_1$、$\overline{N}_1$——基本结构任意截面的弯矩、剪力、轴力；

θ——荷载作用夹角，取 $\pi/2$；

R——拱顶圆的半径，m。

根据结构力学[159]，主形常数的值为：

$$\left.\begin{aligned}\delta_{11}&=\frac{\pi R}{EI}\\ \delta_{22}&=\frac{R^3}{EI}\left(\frac{\pi}{2}-\frac{4}{\pi}\right)+\frac{\pi R}{2EA}\\ \delta_{33}&=\frac{\pi R^3}{2EI}\end{aligned}\right\}\tag{4-16}$$

式中 E——拱圈材料的弹性模量，GPa；

I——拱横截面惯性矩，m^4；

A——横截面面积，m^2。

当承受线性荷载作用时，载荷常数的值为：

$$\left.\begin{aligned}\Delta_{1P}&=-\frac{qR^3}{9EI}\\ \Delta_{2P}&=-\frac{2qR^4}{9EI\pi}\\ \Delta_{3P}&=0\end{aligned}\right\}\tag{4-17}$$

将式(4-15)、或(4-16)代入式(4-14)可以得到：

$$\left.\begin{aligned}X_1&=\frac{qR^2}{9\pi}\\ X_2&=\frac{4qR^3}{9}\frac{A}{R^2A(\pi^2-8)+\pi^2I}\\ X_3&=0\end{aligned}\right\}\tag{4-18}$$

利用叠加原理得到任意截面的内力：

$$M=\frac{q_1R^2}{8}+R\left(\frac{2}{\pi}-\cos\theta\right)\frac{q_1R^3}{2}\frac{A\pi}{R^2A(\pi^2-8)+\pi^2I}-\frac{q_1R^2}{2}\sin^2\theta+\frac{(q_2-q_1)R^2}{9\pi}+R\left(\frac{2}{\pi}-\cos\theta\right)\frac{4(q_2-q_1)R^3}{9}\frac{A}{R^2A(\pi^2-8)+\pi^2I}-\frac{(q_2-q_1)R^2}{6}\sin^3\theta\tag{4-19}$$

$$Q=-\sin\theta\frac{q_1R^3}{2}\frac{A\pi}{R^2A(\pi^2-8)+\pi^2I}+q_1R\sin\theta\cos\theta-\sin\theta\frac{4(q_2-q_1)R^3}{9}\frac{A}{R^2A(\pi^2-8)+\pi^2I}+\frac{(q_2-q_1)R\sin^2\theta\cos\theta}{2}\tag{4-20}$$

$$N=\cos\theta\frac{q_1R^3}{2}\frac{A\pi}{R^2A(\pi^2-8)+\pi^2I}+q_1R\sin^2\theta+\cos\theta\frac{4(q_2-q_1)R^3}{9}\frac{A}{R^2A(\pi^2-8)+\pi^2I}+$$

$$\frac{(q_2-q_1)R\sin^3\theta}{2} \tag{4-21}$$

当线性方程的斜率为1,即承受均匀荷载 q 作用时,对称等截面无铰拱的力学模型,如图4-5所示。

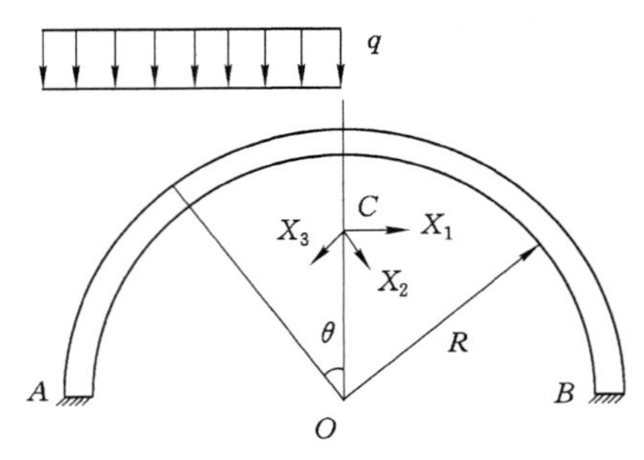

图 4-5 大巷顶板岩层力学模型(均布载荷)

当承受均匀荷载 q 作用时,此时载荷常数的值为:

$$\left.\begin{aligned}\Delta_{1P}&=-\frac{\pi qR^3}{8El}\\ \Delta_{2P}&=-\frac{qR^4}{4El}\\ \Delta_{3P}&=0\end{aligned}\right\} \tag{4-22}$$

将式(4-17)、或(4-20)代入式(4-14)可以得到:

$$\left.\begin{aligned}X_1&=\frac{qR^2}{8\pi}\\ X_2&=\frac{qR^3}{2}\frac{A\pi}{R^2A(\pi^2-8)+\pi^2 I}\\ X_3&=0\end{aligned}\right\} \tag{4-23}$$

利用叠加原理得到任意截面的内力:

$$\begin{aligned}M&=\overline{M}_1X_1+\overline{M}_2X_2+\overline{M}_3X_3+M_p\\ &=\frac{qR^2}{8}+R\left(\frac{2}{\pi}-\cos\theta\right)\frac{qR^3}{2}\frac{A\pi}{R^2A(\pi^2-8)+\pi^2 I}-\frac{qR^2}{2}\sin^2\theta\end{aligned} \tag{4-24}$$

$$Q=\bar{Q}_1X_1+\bar{Q}_2X_2+\bar{Q}_3X_3+Q_p=-\sin\theta\frac{qR^3}{2}\frac{A\pi}{R^2A(\pi^2-8)+\pi^2 I}+qR\sin\theta\cos\theta \tag{4-25}$$

$$\begin{aligned}N&=\overline{N}_1X_1+\overline{N}_2X_2+\overline{N}_3X_3+N_p\\ &=\cos\theta\frac{qR^3}{2}\frac{A\pi}{R^2A(\pi^2-8)+\pi^2 I}+qR\sin^2\theta\end{aligned} \tag{4-26}$$

通过式(4-18)至式(4-20)和式(4-23)至式(4-25)可知,在线性载荷作用下,拱圈任意截面的内力主要受单位作用力 q、截面积 A、荷载作用夹角 θ、拱顶圆半径 R 和巷道围岩材料性质有关,其中单位作用力 q、拱顶圆半径 R 是主要关键因素。

4.2.3 算例分析

根据现场实际情况,取−650 m 水平南翼回风大巷进行研究讨论。巷道宽度 $l=5.4$ m,

拱高度为 2.4 m，拱顶圆半径 $R=2.4$ m。结合室内岩石力学试验结果，取锚固结构体单轴抗压强度 $\sigma_c=47.46$ MPa，岩体重度 $\gamma=25$ kN/m³，单位作用力 $q=18.41$ MPa，围岩弹性模量 $E=3.1$ GPa，拱横截面惯性矩 $I=\pi D^4/32$（D 为拱形截面的厚度），荷载作用夹角 $\theta=\pi/2$，大巷底板岩层水平应力 $\lambda q=20.19$ MPa，对上述建立的模型进行分析。

（1）底板算例分析

将上述参数分别代入式(4-10)、式(4-11)得到当 $q_2=20$ kN/m 时，不同 q_1 条件下的底板岩梁挠度曲线和弯矩曲线，如图 4-6 和图 4-7 所示；当 $q_1=q_2=q$ 这一特殊情况时，将参数代入式(4-12)、式(4-13)，借助 Mathematica 数学软件得到底板岩梁在均布载荷作用下的挠度曲线和弯矩曲线，如图 4-8 和图 4-9 所示。

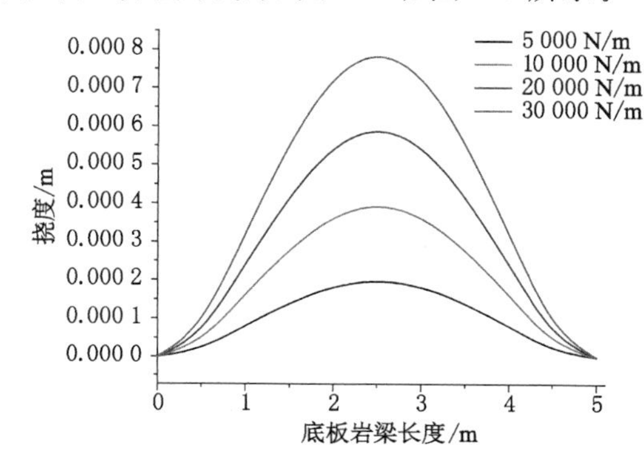

图 4-6 梯形荷载分布下底板岩梁挠度曲线

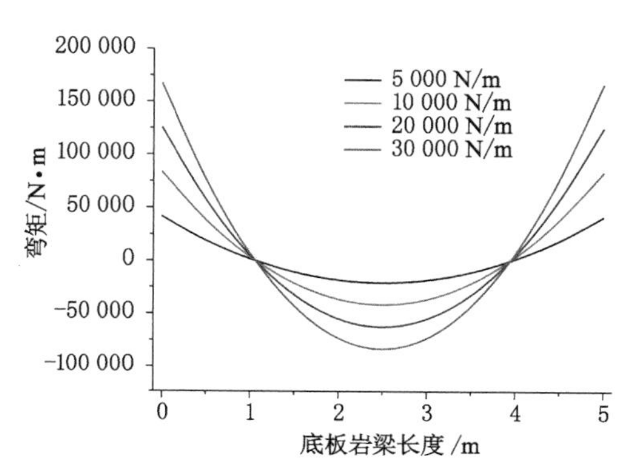

图 4-7 梯形荷载分布下底板岩梁弯矩曲线

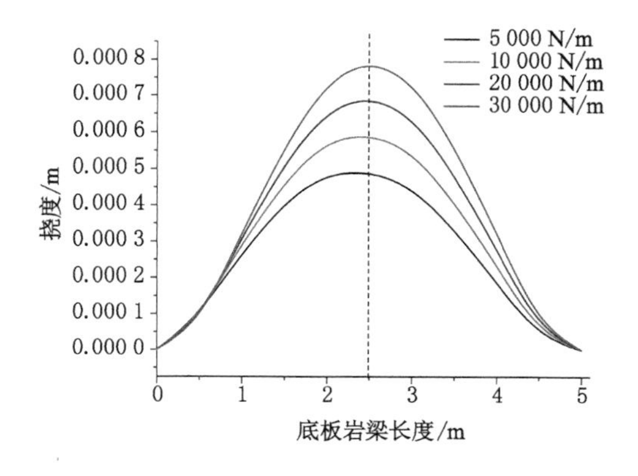

图 4-8 均布荷载下底板岩梁挠度曲线

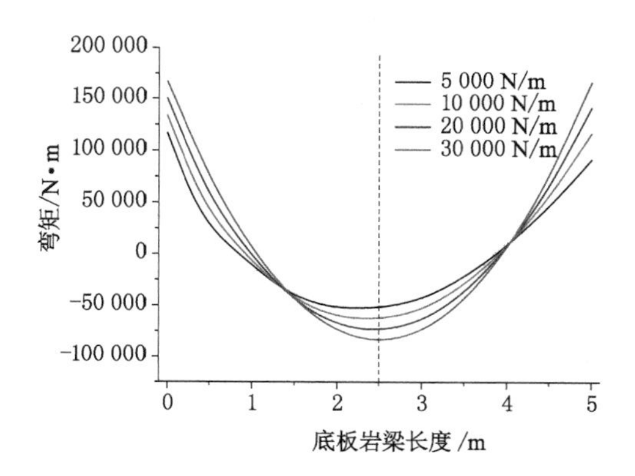

图 4-9 均布荷载下底板岩梁弯矩曲线

由图 4-6、图 4-7 可知，在体形载荷作用下，当 q_1、q_2 的值确定时，底板岩梁挠度曲线程圆滑的拱形曲线，弯矩曲线程凹形；当 $q_2=20$ kN/m 时，底板岩梁挠度随着 q_1 的增大而增大；挠度曲线和弯矩曲线的对称线发生偏移，偏向作用力大一侧，这与底板破坏发生的位置及大小一致。

图 4-8 和图 4-9 表明：在均布载荷作用下，底板岩梁挠度、弯矩曲线均以 $x=l/2$ 对称，并在此处取得最大值；当 $q_2=20$ kN/m 时，底板岩梁挠度随着 q_1 的增大而增大。

（2）顶帮支护结构体算例分析

根据顶帮破坏特征可知巷道围岩主要受剪力作用影响，故将上述参数分别代入式(4-18)、式(4-19)、式(4-23)、式(4-24)得到线性载荷分布条件下的圆拱弯矩曲线和剪力曲线，如图 4-10、图 4-11 所示；当 $q_1=q_2=q$ 这一特殊情况时，在均布载荷作用下的圆拱弯矩曲线和剪力曲线，如图 4-12 和图 4-13 所示。

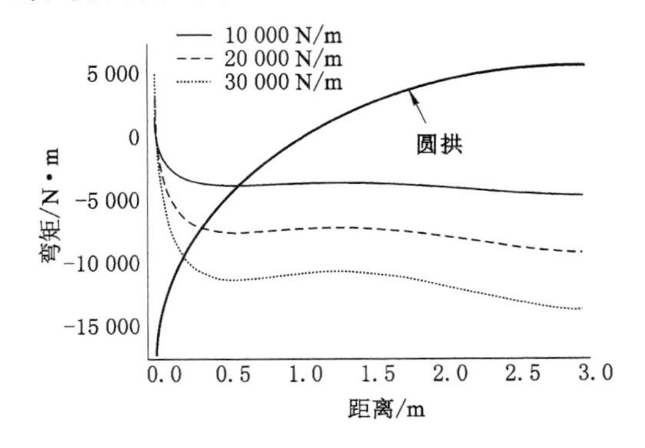

图 4-10　线性载荷条件下圆拱弯矩曲线

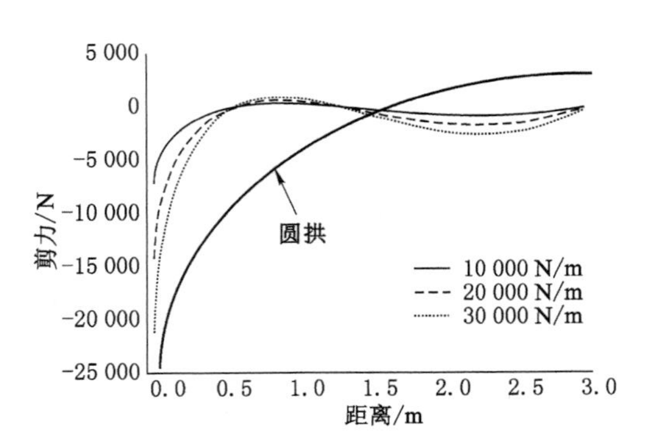

图 4-11　线性载荷条件下圆拱剪力曲线

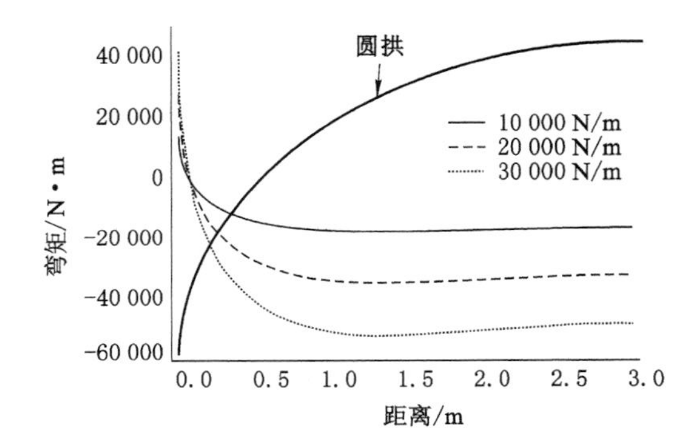

图 4-12　均布性载荷条件下圆拱弯矩曲线

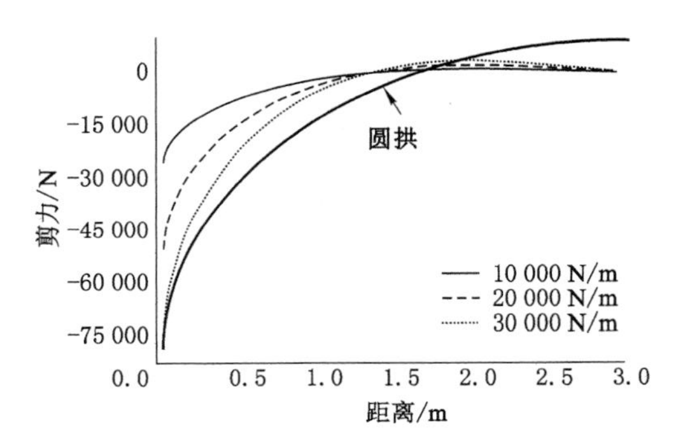

图 4-13　均布载荷条件下圆拱剪力曲线

由图 4-10 和图 4-11 所示，在线性载荷(均布载荷)作用下，圆拱弯矩随 q 的增大而增大；弯矩随距离增大先急剧减小然后趋于某一相同值。

图 4-12 和图 4-13 表明：在线性载荷(均布载荷)作用下，圆拱剪力方向由拉变压，随距离增加先减小后增大；线性载荷与均布载荷影响的分界点及大小不同，前者作用下的圆拱剪力较大。综合分析可知，在巷道圆拱与帮交汇位置容易发生破坏，与第 2 章巷道顶部破坏位置一致。

4.3　巷道失稳破坏控制研究

深部软岩巷道支护必须与其巷道围岩变形破坏特征相适应，支护不可能一次到位，需要发挥耦合支护作用共同控制围岩的变形破坏。巷道支护体与围岩的刚度、结构及变形需相耦合，进而更好地发挥支护体对变形的控制和吸收作用，控制巷道变形破坏。

以南翼大巷泥岩段底板岩层为例，取单位宽度底板岩梁，根据岩石力学试验结果，弹性

模量取 $E=3.1$ GPa，围岩上覆岩层自重应力 q 为 18.41 MPa，巷道宽度 l 为 4.8 m，侧压力系数 $\lambda=1.59$，由于巷道围岩节理裂隙发育，在深部高地应力作用下，变形破坏严重，破坏范围较大，可承载的完整岩层厚度较薄，岩层厚度 h 取 0.8 m。结合式(4-12)和式(4-13)，分析垂直应力 q 和水平应力 λq 共同作用下大巷底板岩层弯矩及挠度，如图 4-14 所示。

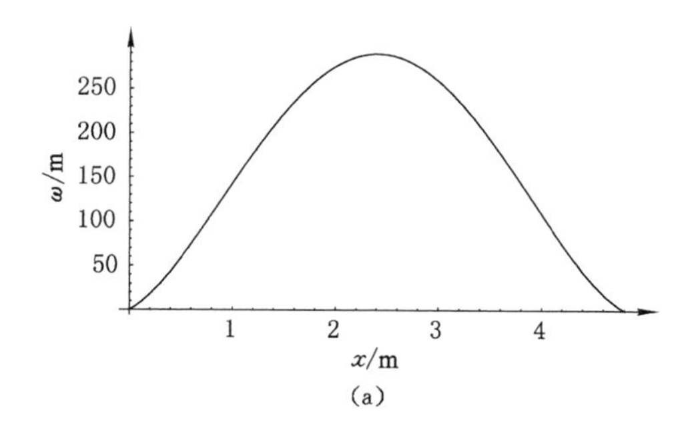

(a)

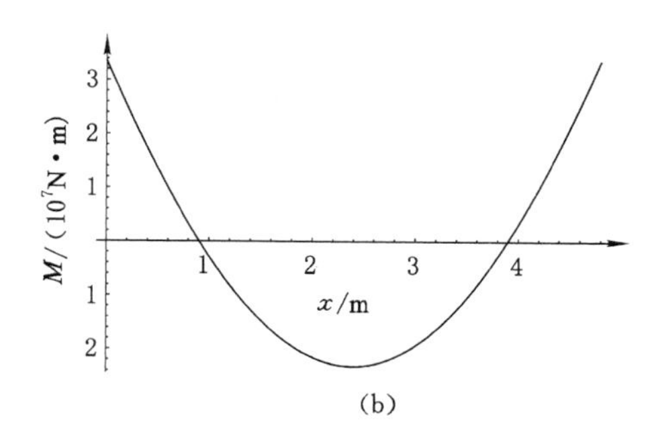

(b)

图 4-14　大巷底板岩层挠度及弯矩分布曲线

(a) 挠度；(b) 弯矩

由图 4-14 可知，软岩大巷底板岩层弯矩和挠度均呈类似抛物线分布，当 $x=l/2$ 时有最大挠度值和最大负弯矩值，分别为 $\omega_{\max}|_{x=l/2}=298.4$ mm 和 $M_{\max}|_{x=l/2}=-2.32\times10^{7}$ N·m，根据材料力学知识，负弯矩可使图 3-3 中岩层面承受较大拉应力而发生开裂破坏。因此，在垂直应力 $q=18.41$ MPa 和水平应力 $\lambda q=27.8$ MPa 共同作用下，巷道底板中部产生最大挠曲变形，最先发生开裂破坏，破坏后的岩层承载能力大幅降低，载荷向深部岩层转移，破坏也向深部岩层转移，最终导致巷道围岩严重变形、失稳。

采用 Mathematica 数学软件对有关参数变动时岩梁挠度、弯矩分布状况进行计算和绘图，分析各参数对岩梁挠度和弯矩的影响程度，进而研究造成巷道围岩破坏严重的关键因素，揭示巷道围岩稳定性控制机理。

(1) 水平应力对岩层弯矩、挠度的影响

由前文分析可知，水平应力对巷道掘进的具有显著影响。在垂直应力 q 和水平应力 λq 作用下，基于式(4-12)和式(4-13)，对侧压力系数 $\lambda=0.4\sim1.59$ 时，计算绘得巷道底板中部最大挠度值 $\omega_{\max}|_{x=l/2}$ 和最大负弯矩值 $M_{\max}|_{x=l/2}$ 的变化曲线如图 4-15 所示，为消除其他参数影响，取岩层厚度 $h=2$ m，巷道宽度 $l=4.8$ m。

图 4-15 中巷道底板岩层中部最大挠度值 $\omega_{\max}|_{x=l/2}$ 和负弯矩值 $M_{\max}|_{x=l/2}$ 均随侧压力系数的增加大致呈直线关系增加，但直线的斜率较小，当侧压力系数 $\lambda=1.59$ 时有最大挠度和负弯矩分别为 12.42 mm、-1.75×10^{7} N·m，说明水平应力对巷道底板弯曲挠度和弯矩有一定的影响，但影响程度较小。

(2) 垂直应力对岩层弯矩、挠度的影响

埋深是影响巷道围岩稳定的一个重要因素，令 $\lambda=1.59$、$l=4.8$ m、$h=2$ m，对垂直应力 $q=5\sim25$ MPa，计算绘得埋深在 200～1 000 m 时巷道底板中部最大挠度值 $\omega_{\max}|_{x=l/2}$ 和负弯矩值 $M_{\max}|_{x=l/2}$ 的变化曲线，如图 4-16 所示。

图 4-16 中巷道底板岩层中部最大挠度值 $\omega_{\max}|_{x=l/2}$ 和负弯矩值 $M_{\max}|_{x=l/2}$ 均随侧压力系

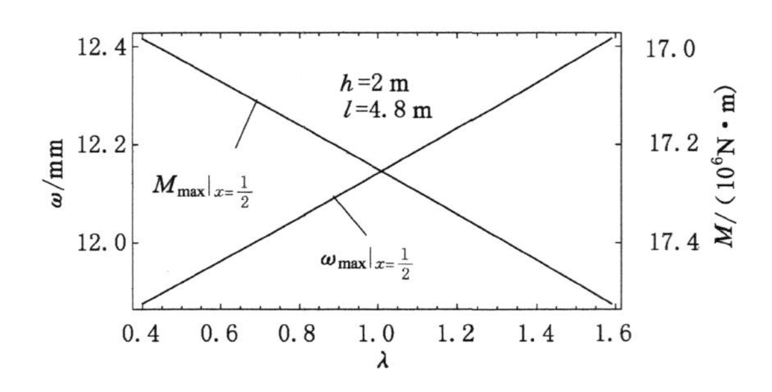

图 4-15　底板岩层中部的挠度和弯矩随侧压力系数变化曲线图

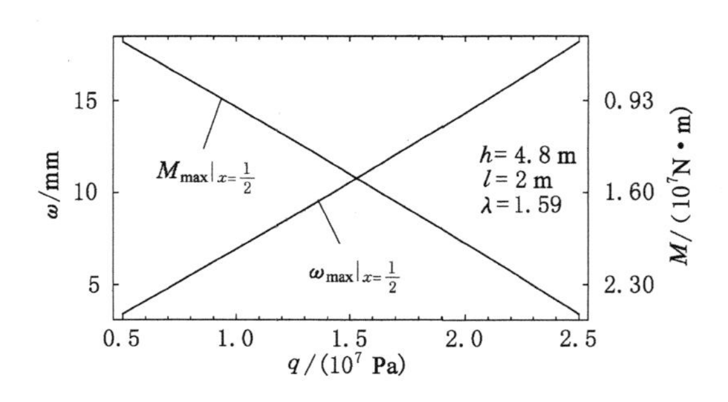

图 4-16　底板岩层中部的挠度和弯矩随埋深变化曲线图

数的增加大致呈直线关系增加，关系直线的斜率较大，说明巷道底板弯曲挠度和弯矩与巷道埋深密切相关，且垂直应力对其影响较水平应力大。

(3) 巷道宽度对岩层弯矩、挠度的影响

在基础载荷 q 和 λq 作用下，基于式(4-12)和式(4-13)，对巷道宽度 $l=2.5\sim5$ m，计算绘得巷道底板中部最大挠度值和负弯矩值变化曲线如图 4-17 所示，取侧应力系数 $\lambda=1.59$，岩层厚度 $h=2$ m。

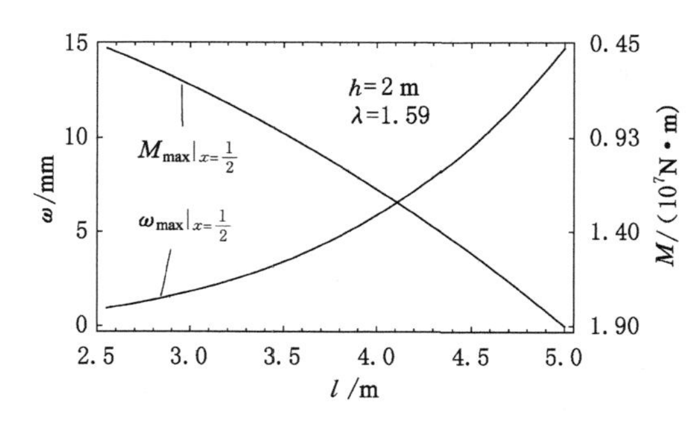

图 4-17　底板岩层中部的挠度和弯矩随巷道宽度变化曲线图

图 4-17 中，巷道底板岩层中部最大挠度值 $\omega_{max}|_{x=l/2}$ 和负弯矩值 $M_{max}|_{x=l/2}$ 随巷道宽度 l 的增大而增大，且两者增大的速度随 l 的增加逐渐变大，当巷道宽度 $l=5$ m 时有最大挠度和负弯矩分别为 14.69 mm、-1.90×10^7 N·m，说明巷道宽度越大，顶底板岩层挠度和弯矩越大，围岩越容易失稳破坏。

(4) 岩层厚度对弯矩、挠度的影响

图 4-18 为基础载荷 q 和 λq 作用下，$\lambda=1.59$，$l=4.8$ m，岩层厚度 $h=0.6\sim2$ m 时巷道底板中部最大挠度值和负弯矩值变化曲线。

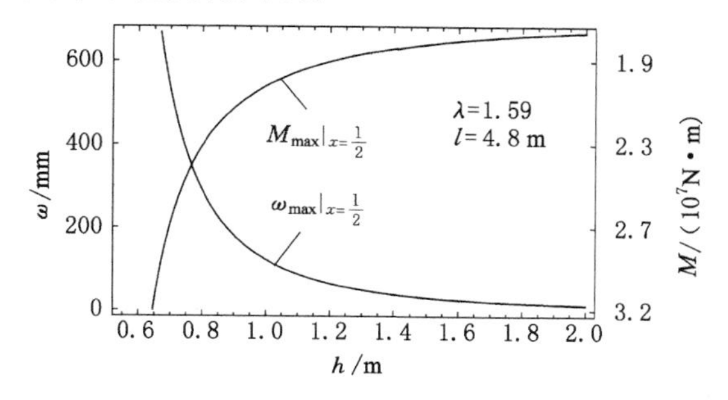

图 4-18 岩层中部的挠度和弯矩随完整岩层厚度变化曲线图

由图 4-18 可得，巷道底板岩层中部最大挠度值和负弯矩值随岩层厚度 h 的减小而增大，且 h 的变化对岩层挠度和弯矩的影响最为显著，当 $h=0.6$ m 时有最大挠度和负弯矩分别为 1 332.85 mm、-3.91×10^{7} N·m。

综合分析图 4-14 至图 4-18 可得，完整岩层厚度 h 是决定巷道围岩稳定与否的关键，当 h 足够大时，即使巷道处于高地应力环境也能在常规的支护方式下保持自身稳定。南翼软岩大巷围岩节理裂隙发育、破坏较大，使得可承载的完整岩层厚度 h 较小，是巷道围岩破坏严重的关键因素。进一步分析得可知，当 $\frac{Kl}{2}=\frac{\pi}{2}+n\pi$（$n$ 为自然数）时，岩层丧失抵抗载荷能力，发生屈曲破坏，岩层发生屈曲破坏的最大厚度 $h'=\sqrt{\frac{12\lambda ql^{2}}{E\pi^{2}}}$，对于南翼软岩大巷，在其他条件不变时，$h'$ 约为 0.50 m。

巷道顶底板发生屈曲变形破坏后，二向应力状态下巷道两帮岩体出现较大程度的应力集中，岩体中大量的原生节理裂隙在集中应力作用下扩展、贯通，形成破碎带—裂隙带交替出现的围岩结构，破碎带围岩失去承载能力，支承压力向裂隙带和更深处的完整区转移，在支承压力作用下裂隙带向破碎带发展，直至巷道围岩稳定。

4.4 本章小结

本章针对南翼大巷围岩变形严重问题，分析了影响巷道围岩变形破坏严重的主要因素，通过构建顶底板力学结构模型，对深部围岩穿层巷道失稳破坏机理进行了力学分析，主要结论如下：

(1) 分析得到软弱的岩性、不利的地应力分布和巷道掘进方式等三个因素是导致南翼大巷围岩变形严重以及变形控制困难的主要因素。

(2) 基于岩体力学、弹性力学和结构力学理论，分别建立了梯形荷载作用下的巷道底板受力模型和线性载荷作用下对称等截面无铰拱的顶板岩层力学模型，分析深部软岩穿层巷道失稳破坏机理。结果表明：垂直应力 q、拱顶圆半径 R 等参数起到关键作用，底板破坏位置偏向载荷大一侧，圆拱在巷道圆拱与帮交汇位置容易发生破坏。

(3) 基于南翼大巷围岩力学特性及变形破坏特征，建立了复杂软岩穿层大巷力学模型，分析了此类巷道围岩变形控制机理。南翼软岩大巷围岩节理裂隙发育、破坏较大，使得可承载的完整岩层厚度 h 较小，是巷道围岩破坏严重的关键因素。进一步分析可知，当岩层丧失抵抗载荷能力并发生屈曲破坏时，岩层发生屈曲破坏的最大厚度 $h'=\sqrt{\frac{12\lambda ql^2}{E\pi^2}}$，对于南翼软岩大巷，在其他条件不变时，$h'$ 约为 0.50 m。

5　大断面软弱巷道围岩控制方案提出与对比分析

由于巷道所穿越的地层大部分为沉积岩地层，尤其当这些地层为中生代和新生代的含有膨胀性矿物的黏土类软岩（泥岩、页岩等）或胶结程度较差的其他软岩时，相对于冶金等一些其他岩土工程领域的软岩而言，煤矿巷道软弱围岩的软弱松散、碎胀流变等特点就显得更为突出，巷道围岩变形量更大。另外，岩体性质十分复杂，在地下岩体的力学分析中，要全面考虑岩石的所有性质几乎是不可能的。建立岩体力学模型，是将一些影响岩石性质的次要因素略去，抓住问题的主要因素，即着眼于岩体的最主要的性质。

－650 m南翼大巷包括南翼回风、南翼轨道和南翼胶带三条大巷，巷道底板标高－650 m，含煤地层的岩石大多数为泥岩、砂岩和炭质泥岩，具有典型的软岩地层的特点。在施工期间，大巷穿越软弱复杂岩层，同时受工作面采动影响与地应力影响，大巷围岩收敛变形严重，矿方曾多次组织对巷道破坏严重段进行修复加固，但修复后的巷道围岩很快又遭到严重的变形破坏，影响巷道正常使用，威胁井下工作人员的生命安全。本章以－650 m水平南翼大巷为研究对象，首先通过建立－650 m南翼大巷三维数值计算模型，模拟南翼大巷的开挖（模拟单巷掘进、双巷掘进、三巷掘进）过程，揭示巷道开挖后围岩位移场、应力场和破坏场发展变化规律；其次提出几种巷道底鼓控制技术方案，并对这几种方案的底鼓控制效果进行数值模拟分析，最终确定合理有效的巷道底板加固控制方案。

5.1　模型建立

5.1.1　模型的建立与参数的选取

根据软岩巷道的类型、位置、顶底板赋存条件与岩性特征，结合岩层综合柱状图，模拟所选取的岩石力学参数如表5-1所列。

表5-1　　3煤及顶、底板岩层条件

岩性	厚度/m	容重/(kg/m³)	体积模量/Pa	切变模量/Pa	内摩擦角/(°)	内聚力/Pa	抗拉强度/Pa
中砂岩	10	2 500	2.1E10	1.2E10	40	2.2E6	2.7E6
泥岩	5	2 470	2.3E9	1.7E9	36	2.5E6	1.8E6
细砂岩（巷道层）	10	2 400	8.75E9	6.0E9	29	2.4E6	0.8E6
3煤	8	1 480	2.59E9	1.65E9	28	3.5E6	0.9E6
细砂岩	15	2 400	8.75E9	6.0E9	29	2.4E6	0.8E6
泥岩	5	2 470	2.3E9	1.7E9	36	2.5E6	1.8E6

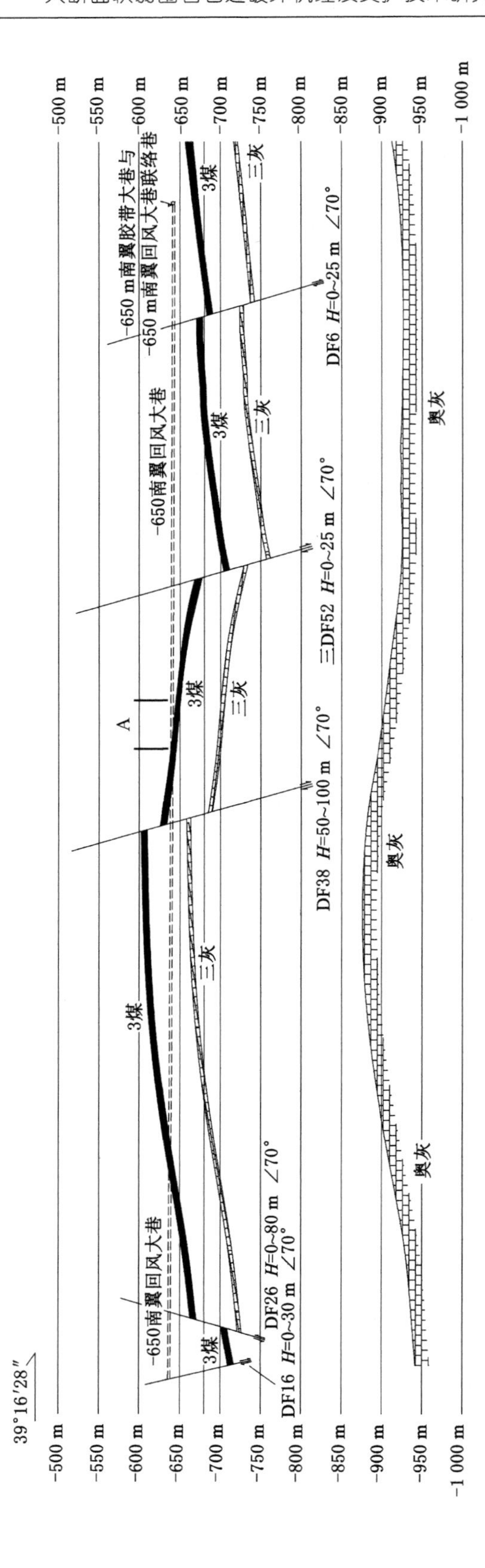

-500 m
-550 m
-600 m
-650 m
-700 m
-750 m
-800 m
-850 m
-900 m
-950 m
-1 000 m
39°16′28″
-650 m南翼胶带大巷与
-650 m南翼回风大巷联络巷
-650南翼回风大巷
-650南翼回风大巷
3煤
三灰
奥灰
A
DF6 H=0~25 m ∠70°
DF52 H=0~25 m ∠70°
DF38 H=50~100 m ∠70°
DF26 H=0~80 m ∠70°
DF16 H=0~30 m ∠70°

图5-1 地质剖面示意图

南翼回风大巷穿层情况如图 5-1 所示，截取图中 A 位置一段长 50 m 的巷道进行模拟，巷道位于 3 煤顶板序号 5 中，所选软岩巷道的正截面为拱形，宽 5.4 m，壁高 2.7 m(含超挖 0.8 m)，拱高 2.7 m，如图 5-2 所示。

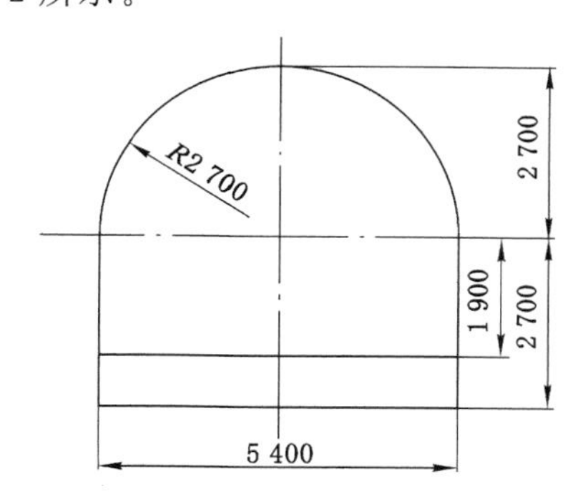

图 5-2 南翼回风大巷断面图

数值模型如图 5-3 所示，模型尺寸为 110 m×50 m×50 m，巷道尺寸按图 5-2 所示选取，考虑实际情况，模型包含了南翼回风大巷，南翼轨道大巷、南翼胶带大巷、分别考虑南翼回风大巷单巷掘进，南翼胶带大巷和南翼回风大巷双巷同时掘进，南翼胶带大巷、南翼轨道大巷和南翼回风大巷三巷同时掘进时南翼回风大巷位移场、应力场及破坏场特征。

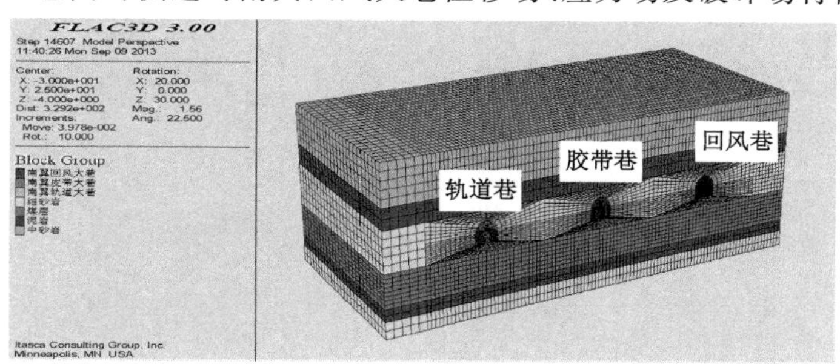

图 5-3 三维模型示意图

5.1.2 模型特点

(1) 根据巷道的实际情况，参考工程实践及资料，考虑软岩的性质以及参数的限制，本次模拟将巷道作为空间问题来考虑，物理模型采用弹塑性模型，破坏准则采用 Mohr-Coulomb 模型。

(2) 模型岩层划分与巷道所处实际层位一致。视各岩层为均质、各向同性，且不考虑围岩和岩层中的结构面、裂隙和软弱夹层对强度的影响。

(3) 考虑到模拟的边界效应，在模拟过程中可根据圣维南原理可知，岩体的局部开挖仅对一定的有限范围有明显的影响，在距开挖部位稍远一些的地方，其应力变化的影响可忽略。模型应具有足够大的尺寸，根据采矿理论及模拟实际，影响范围取开挖空间跨度的 10 倍左右。巷道位于模型的中部。

(4) 模型边界条件为：左侧和右侧边界约束水平方向位移($u_x=0$)，前侧和后侧边界约束水平方向位移($u_y=0$)，底部边界约束垂直方向位移($u_z=0$)，上部边界施加相当于上覆岩层自重的应力。本次模拟的巷道为－650 m南翼回风大巷，取10倍洞径范围为有限元分析的区域，巷道底板标高为－650 m，地表表土层厚41 m，巷道高4.5 m，计算模型的上部边界距地表约686.5 m，由 $P=\rho gz$ 求得上覆岩层荷载值 σ_V 为18.2 MPa左右（ρ 按照平均密度2 700 kg/m^{3}计算）。

（5）首先模拟巷道围岩在自重应力下的静力稳定性，使其达到原始应力平衡，然后在此条件下开挖巷道。拟对巷道位移及应力场进行分析，以期了解巷道围岩变形、塑性区发育情况、应力分布的规律。

5.2 巷道开挖后围岩力学特性

5.2.1 巷道围岩位移场特征

5.2.1.1 巷道围岩垂直位移

图5-4至图5-7分别为单巷（南翼回风大巷）掘进、双巷（南翼回风大巷、南翼胶带大巷）同时掘进、三巷（南翼回风大巷、南翼轨道大巷、南翼胶带大巷）同时掘进时，南翼回风大巷的垂直位移云图和巷道顶板下沉量曲线图。从图中可以看出巷道顶底板垂直位移很大，当单

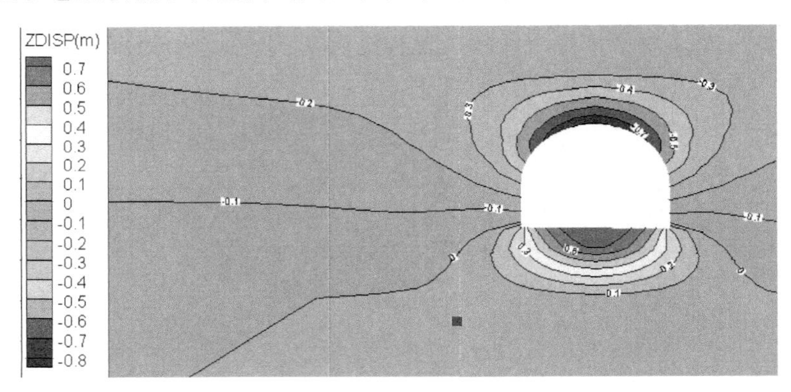

图5-4 单巷道掘进南翼回风大巷垂直位移

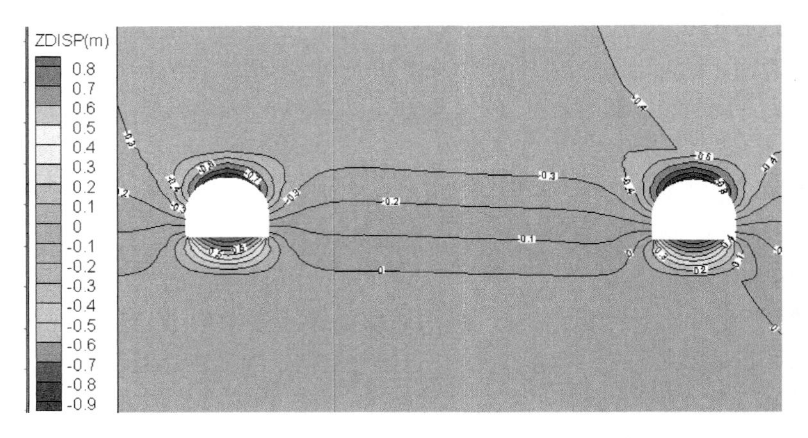

图5-5 双巷道同时掘进时南翼回风大巷垂直位移

巷道掘进时，巷道顶板最大位移量为 70 cm，巷道底板位移为 80 cm；当双巷道同时掘进时，受到临近巷道开挖的影响巷道顶底板收敛量增加，巷道顶板最大位移量为 80 cm，巷道底板最大位移量为 90 cm；当三个巷道同时掘进时，受到临近大巷开挖影响进一步加大，南翼回风大巷顶底板收敛量也增加，巷道顶板最大位移量为 100 cm，巷道底板最大位移量为 120 cm。由图 5-7 可以明显看出南翼回风大巷顶板下沉量随着开挖影响的加剧而变大。

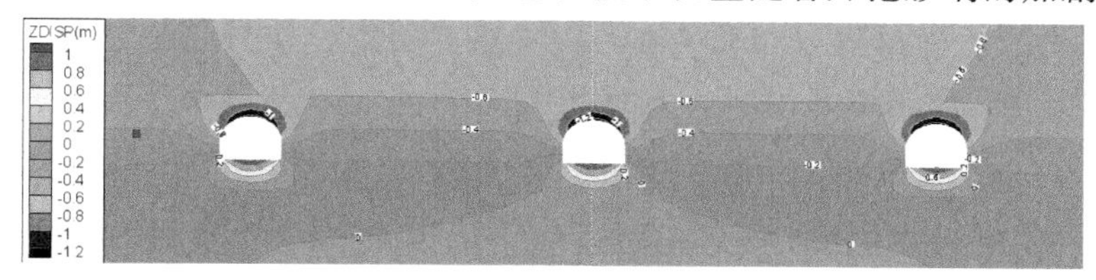

图 5-6　三巷道同时掘进时南翼回风大巷垂直位移

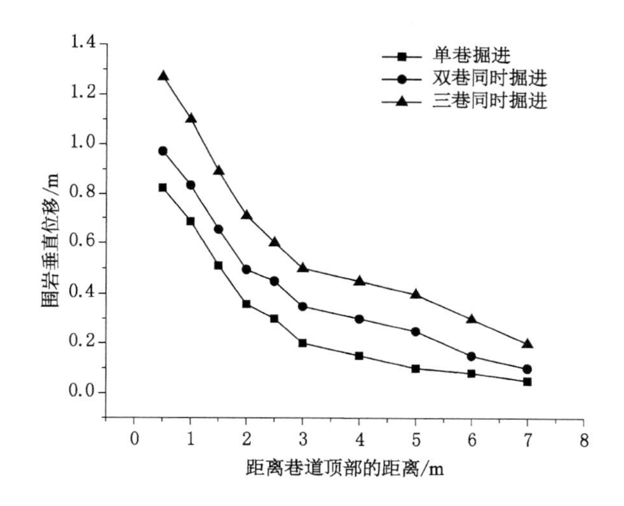

图 5-7　南翼回风大巷顶板下沉量

5.2.1.2　巷道围岩水平位移

图 5-8 至图 5-11 分别为单巷（回风大巷）掘进，双巷（回风大巷、胶带大巷）同时掘进，

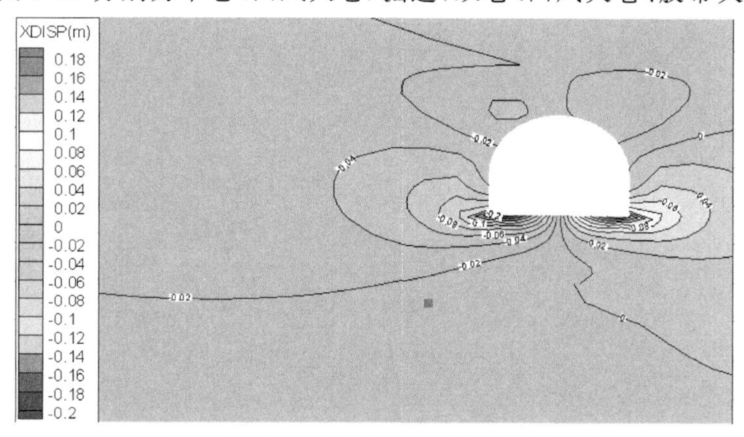

图 5-8　单巷道掘进时南翼回风大巷水平位移

三巷（回风大巷、轨道大巷、胶带大巷）同时掘进时，回风大巷的水平位移云图及帮部水平位移曲线图。从图中可以看出巷道帮部水平位移很大，当单巷道掘进时，巷道帮部位移量为 20 cm，且最大位移处在帮部靠近隅角处；当双巷道同时掘进时，受到开挖的影响巷道的位移量明显增加，巷道帮部水平位移为 35 cm；当三个巷道同时掘进时，受到临近巷道开挖影响进一步加大，巷道位移量也增加，巷道帮部最大水平位移量为 50 cm。从图 5-11更加直观地看出巷道帮部水平位移由于受到临近大巷开挖的影响，三巷同时掘进时位移明显大于单巷掘进和双巷同时掘进。

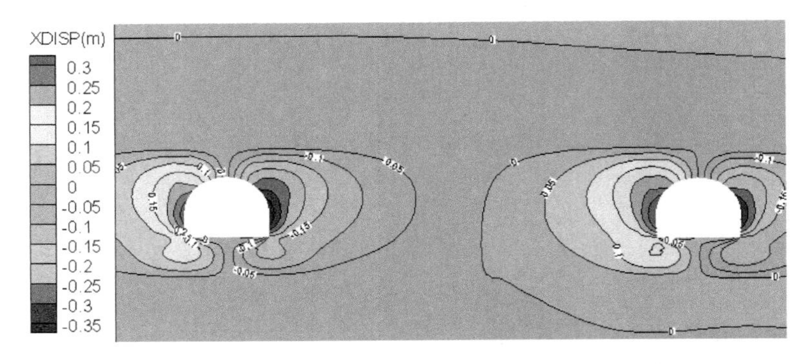

图 5-9　双巷道同时掘进时南翼回风大巷水平位移

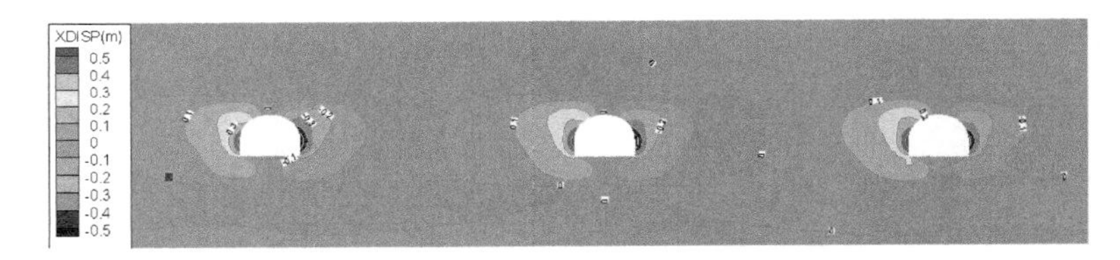

图 5-10　三巷道同时掘进时南翼回风大巷水平位移

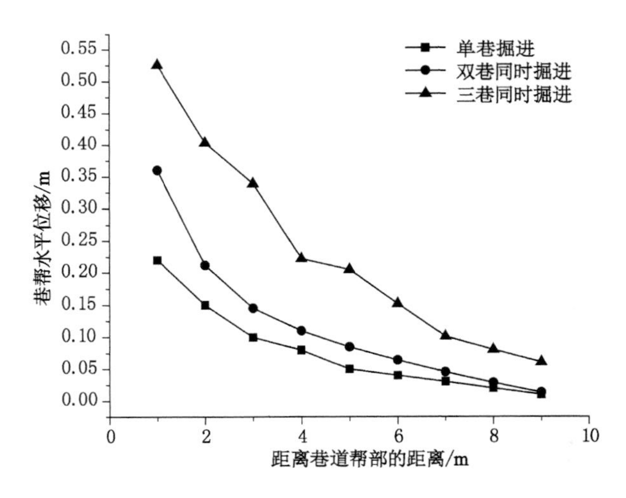

图 5-11　南翼回风大巷帮部水平位移

5.2.2　巷道围岩应力场特征

5.2.2.1　巷道围岩垂直应力

图 5-12 至图 5-15 分别为单巷(回风大巷)掘进、双巷(回风大巷、胶带大巷)同时掘进、三巷(回风大巷、轨道大巷、胶带大巷)同时掘进时回风大巷垂直应力特征及顶板垂直应力曲线图。从图中可以看出巷道开挖后，巷道周围岩体应力急剧释放，巷道顶底板 2～3 m 范围内岩体垂直应力降至 6 MPa 以下，但在隅角和拱肩部位的围岩形成明显的应力集中，当单巷道掘进时，巷道帮部可达到 26 MPa，当双巷和三巷同时掘进时，巷道帮部最大垂直应力可以达到 28 MPa。由于受到临近巷道开挖的影响，巷道帮部垂直应力有少量的增加。由图 5-15可以看出，巷道由于受到开挖的影响，顶板破坏严重，应力释放加剧，单巷掘进时，顶板 2 m 范围内的岩体应力值在 6 MPa 以下，当双巷同时掘进时，范围增加到 2.5 m，当三巷同时掘进时，范围增加至 3 m。

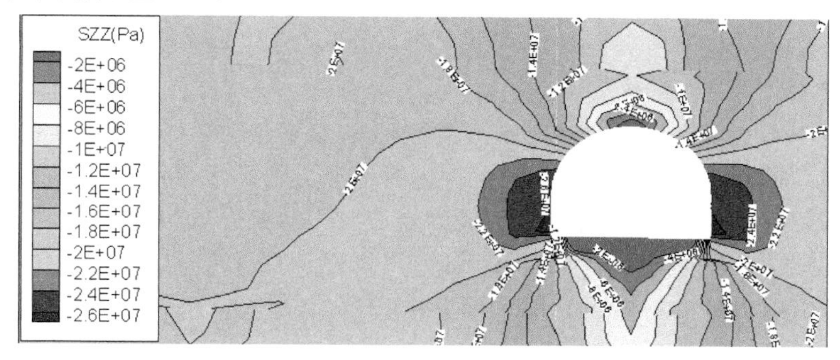

图 5-12　单巷道掘进时南翼回风大巷垂直应力

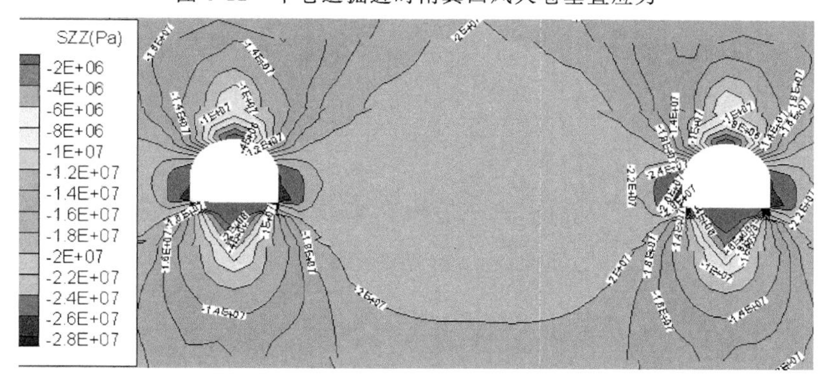

图 5-13　双巷道同时掘进时南翼回风大巷垂直应力场

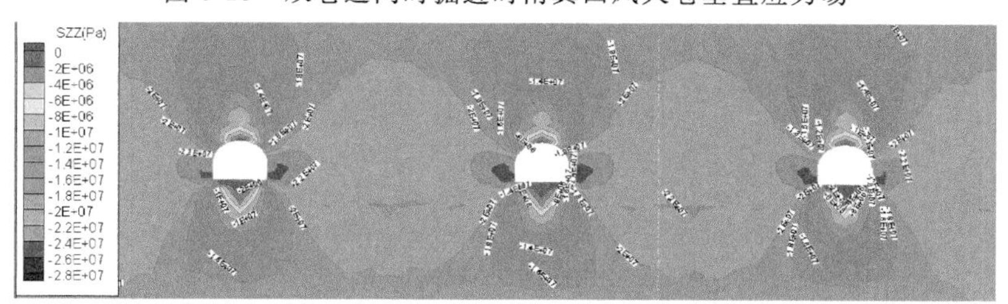

图 5-14　三巷道同时掘进时南翼回风大巷垂直应力场

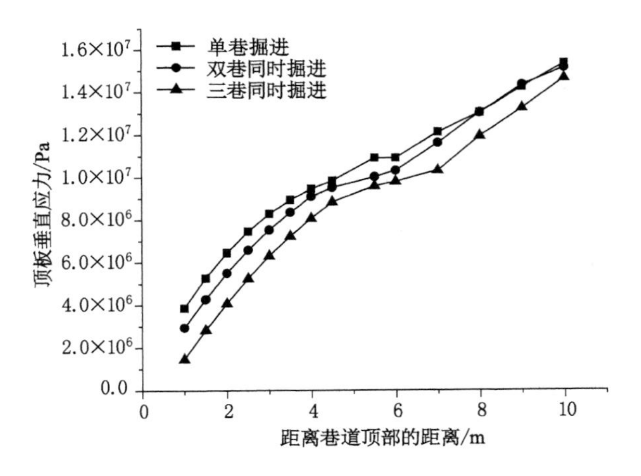

图 5-15 南翼回风大巷顶部垂直应力曲线

5.2.2.2 巷道围岩水平应力

图 5-16 至图 5-19 分别为单巷(回风大巷)掘进、双巷(回风大巷、胶带大巷)同时掘进、三巷(回风大巷、轨道大巷、胶带大巷)同时掘进时回风大巷的水平应力云图及巷道帮部水平应力曲线图，从图中可以看出巷道开挖后周围岩体应力急剧释放，单巷道开挖时巷道帮部大约 2 m 范围的围岩水平应力降至 6 MPa 以内，当双巷同时掘进和三巷同时掘进时，水平应力降至 6 MPa 以内的范围扩展至巷道帮部 3 m 内围岩。

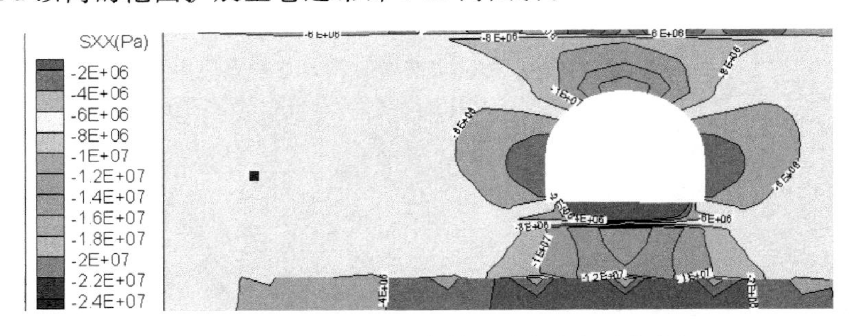

图 5-16 单巷道掘进时南翼回风大巷水平应力场

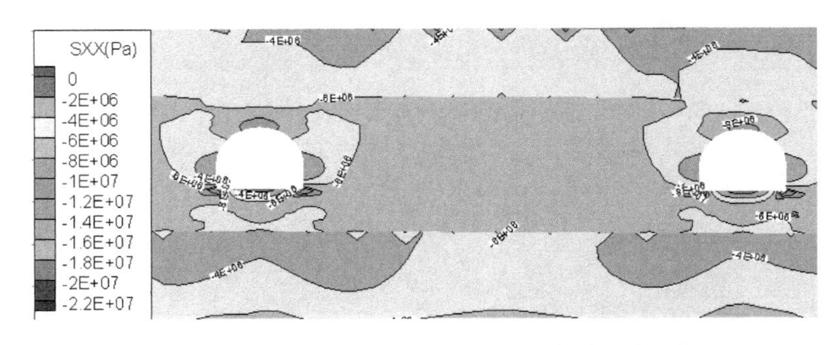

图 5-17 双巷同时掘进时南翼回风大巷水平应力场

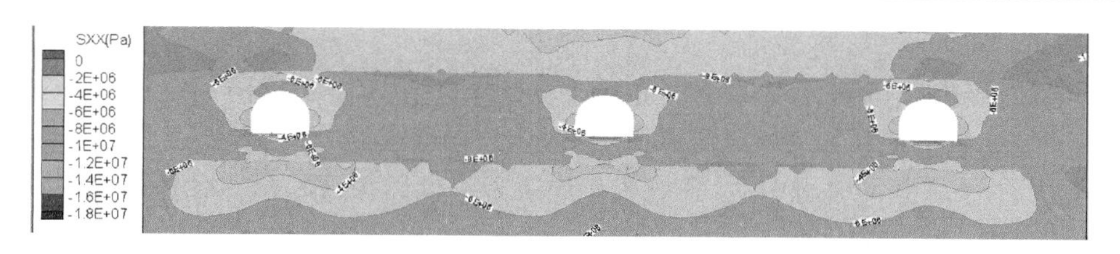

图 5-18　三巷同时掘进时南翼回风大巷水平应力场

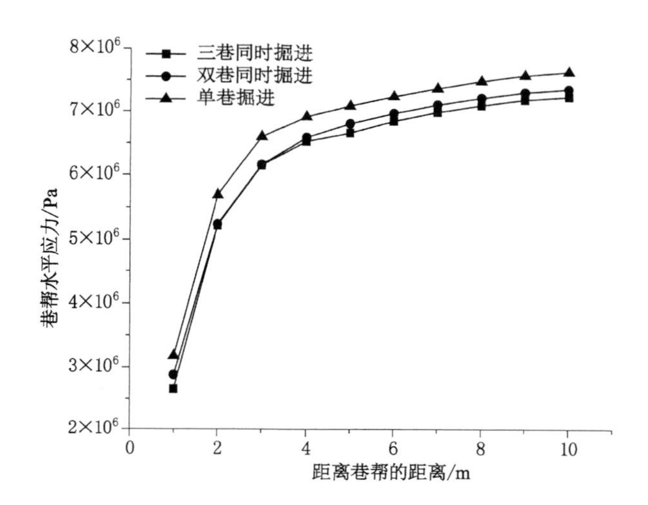

图 5-19　南翼回风大巷帮部水平应力曲线图

5.2.3　巷道围岩破坏场特征

图 5-20 为巷道开挖后围岩塑性破坏区图，可以看到：处于靠近掘进面前方的岩体虽然还未开挖，但也会因为巷道开挖的影响而处于塑形状态，塑形区的范围为 3 m 左右。巷道开挖后，围岩在较高的应力作用下大范围并且快速发生破坏。随着塑性区的发展和掘进的进行，在底板临近巷道的岩体发生拉破坏，其他区域的破坏形式以剪切破坏为主。在巷道掘进面后方 3 m 左右的区域内，整个巷道围岩的塑形区范围不断扩大，形成近似半径为 3.5 m 的圆形塑形区。

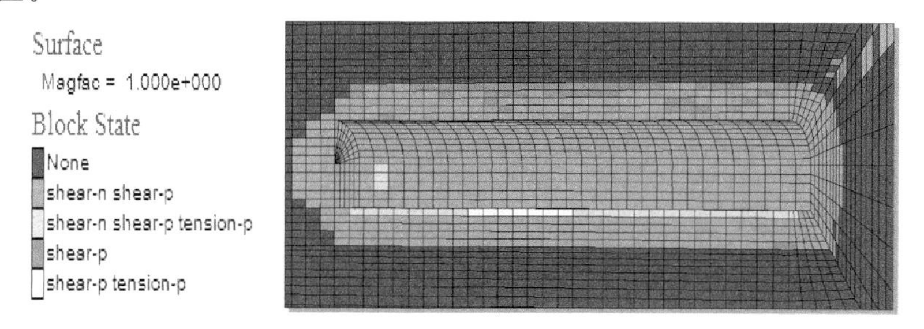

图 5-20　巷道开挖后围岩塑性破坏区图

5.2.4　巷道围岩力学特征及其支护控制原则

（1）三条大巷同时掘进时，受到临近大巷开挖影响，各巷道围岩变形加剧，巷道顶底板移近量较单巷掘进时增大近50%。

(2) 巷道开挖后，围岩内积聚的高应力向采动空间释放，巷道周围一定范围内围岩的应力大幅降低，其中巷道顶、底板岩层出现严重的应力降低现场，大大降低了顶底板岩层的自承能力，且当三条大巷同时掘进时，顶底板岩层应力降低的程度和范围受多条大巷同时掘进影响急剧增大。

(3) 巷道开挖后，由于围岩内应力释放，导致围岩发生破坏，而巷道破坏先是从几个部位破坏(将这些部位称为关键部位)开始，然后发展到整个巷道失稳破坏，模拟分析得到巷道围岩垂直位移最大值出现在巷道底板及顶板靠近巷道中线部位，水平位移最大值出现在帮部靠近两隅角处，这些地方为巷道变形破坏的关键部位，也是巷道支护控制的重点部位。

(4) 巷道围岩具有很大的变形及较大的破坏范围，而且底板的变形及破坏明显大于巷道两帮及顶板。

深部软岩复合穿层大巷支护必须与其巷道围岩变形破坏特征相适应，支护不可能一次到位，需要发挥耦合支护作用共同控制围岩的变形破坏。巷道支护体与围岩的刚度、结构及变形需相耦合，进而更好地发挥支护体的变形吸收和控制作用，控制巷道变形破坏。

(1) 支护体与围岩的刚度耦合。支护体要有足够的刚度，能有效阻止围岩内部的变形与滑动；同时要有一定的柔度适应巷道围岩的大变形，以满足吸收围岩变形能的需要。

(2) 支护体与围岩的结构耦合。在变形大、应力集中及首先破坏的部位应及时支护，防止围岩的过早破坏，最大可能地发挥围岩的自承能力。

(3) 支护体与围岩的变形耦合。在最佳的时机对巷道围岩及关键部位进行加固支护，使围岩对支护体的作用降到最小，在充分发挥支护体变形控制作用的同时，降低支护体失效的可能。

5.3 巷道底鼓控制技术数值模拟分析

5.3.1 模拟方案的提出

巷道底鼓的防治措施是在巷道产生显著底鼓之前，采取一些措施阻止底鼓的发生或延缓底鼓的发生时间，或在巷道产生显著底鼓之后，采取一些措施减小和控制底鼓。巷道底鼓的防治措施主要有以下两种方法。

5.3.1.1 巷道底鼓部分清除起底

巷道底鼓部分清除起底是现场应用较广泛的一种治理底鼓的方法。若在回采巷道中采用此方法治理底鼓，由于巷道服务期短，不失为一种有效的方法。但是若在服务期较长的开拓巷道中，特别是具有强烈底鼓趋势的巷道中，往往需要多次起底，但是并不能完全治理底鼓，不仅起底工程量大，费用高，而且还影响两帮及顶板岩层的稳定性和矿井的正常生产，是一种消极的底鼓治理措施。

5.3.1.2 采取措施消除底鼓

目前防治底鼓的措施主要从降低巷道围岩应力、加固或保持围岩的强度这两方面考虑。根据控制原理的不同，可以分为加固法和卸压法两种。

根据软岩大巷的特点，制定不同的底鼓治理方案，分别进行数值模拟，通过结果的分析，确定适合巷道底鼓控制方案。

(1) 方案一——底板无支护

图 5-21 所示为底板无支护时的数值模拟图,此方案主要作用是与其他底板支护方案进行对比,对比其他方案支护效果。

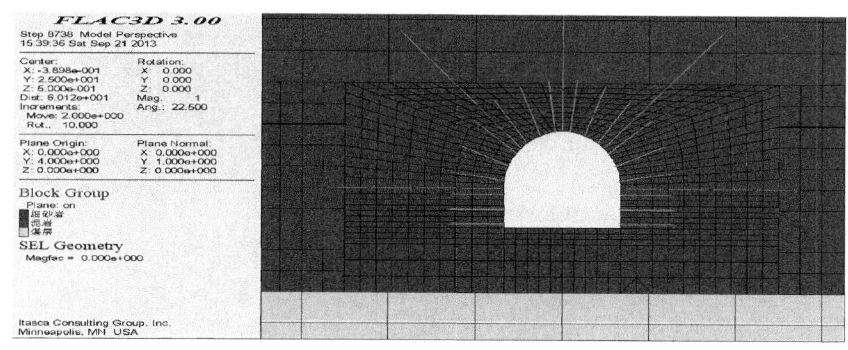

图 5-21 底板无支护时数值模型

(2) 方案二——底板锚杆

在巷道底板布置 5 根锚杆对底板围岩进行全长锚固。锚杆选用长 2.5 m×ϕ22 的高强度锚杆,间距为 900 mm,如图 5-22 所示。

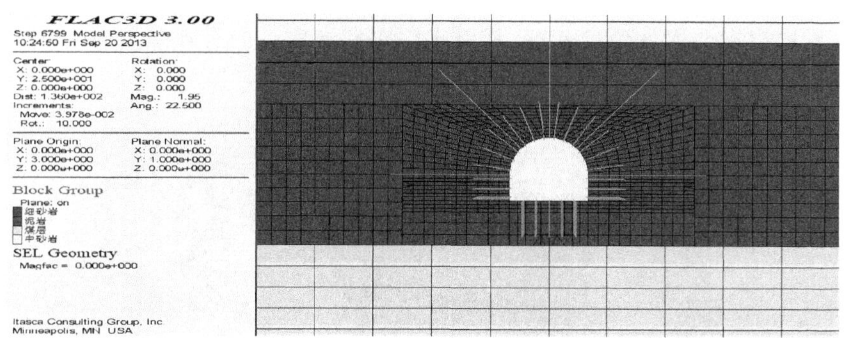

图 5-22 底板锚杆支护数值模型

(3) 方案三——底板开卸压槽

卸压槽的作用是使巷道底板处集中的切向应力向岩层深部转移,降低底板围岩的应力集中强度,以减小巷道底鼓量。德国埃森采矿研究中心通过大量的试验得出了以下关系式:$A/L<1$,其中:A 为卸压槽边缘到巷帮的间距;L 为卸压槽深度。巷道底部宽度为 5.4 m,因此槽深 $L>2.7$ m,槽宽 H 过小,则卸压效果不理想。综合考虑,本方案中卸压槽 L 取 3 m,H 取 0.5 m,如图 5-23 所示。

(4) 方案四——超挖锚注回填方案

针对高应力软岩巷道的变形破坏特征,提出超挖锚注回填控制底鼓方案。

超挖锚注回填是首先通过超挖使得底板下的岩体在高应力作用下位移量在一定空间内得以释放,然后对底板施加锚杆和注浆,加固回填层以下的岩体,控制深部岩体的竖向变形程度,最后回填相对强度较高的混凝土层,达到消除底板岩体因释放应力而发生的变形,并

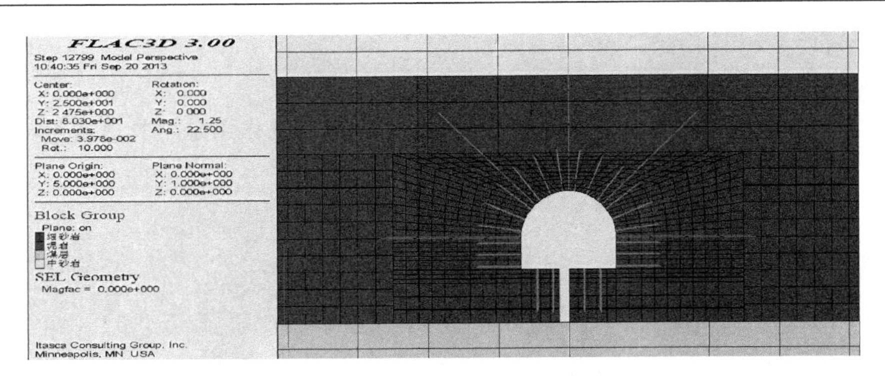

图 5-23　底板开槽卸压支护图

且抵抗回填层下岩体大变形的目的。

超挖锚注回填方案实际上是卸压法和底板锚杆、底板注浆方法的联合法。对底板进行超挖是卸压的一种方法，其实质是通过对巷道底板一定深度进行超挖，使得被保护巷道底板下深部的应力得以释放，巷道底板支承压力峰值向深部岩体转移，底板岩层处于应力降低区，从而提高底板岩层的稳定性，减少底鼓量。对底板施加锚杆和注浆是典型的围岩加固措施，锚注的联合使用加固超挖后的巷道底板，以控制其进一步变形。在超挖部分回填上高强度混凝土层，使得底板移近量恢复为零状态。大面积回填混凝土层一方面给巷道设置一个人为的高强度坚硬底板，进一步增强其抵抗变形的能力，另一方面密实的混凝土层自身重力可以限制下方岩层向巷道方面的变形，从而实现对巷道底鼓的有效控制，该方案数值计算模型如图 5-24 所示。

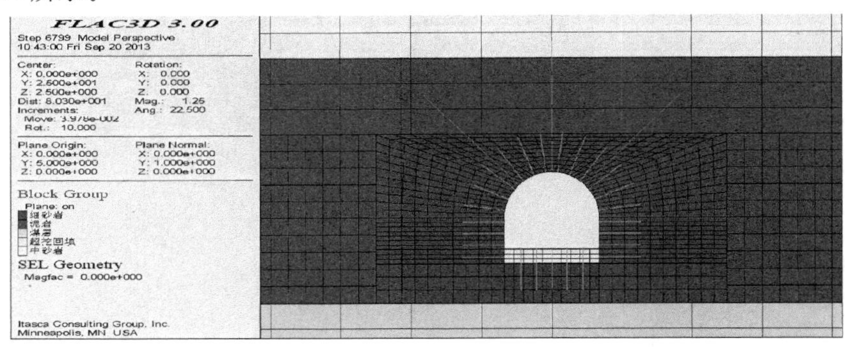

图 5-24　底板超挖锚注回填支护图

5.3.2　模拟结果对比分析

各种方案实施后，巷道底板底鼓量如图 5-25 至图 5-29 所示。从图 5-25 可以看出底板无支护时，底鼓量很大，底板垂直位移达到 80 cm。从图 5-26 可以看出当底板进行锚杆支护时，底板的垂直位移量达到 31 cm；从图 5-27 可以看出当底板进行开挖卸压槽时，地板的垂直位移量为 24 cm，并且从图 5-29 可以看出开挖卸压槽附近位移有明显的一个降低。从图 5-28和图 5-29 中可以看出当底板进行超挖锚注回填时，底板的垂直位移量仅为 11 cm，控制巷道底鼓最为明显。

图 5-29 为距离各方案支护控制下巷道底板深 0.5 m 处巷道底鼓量，分析图 5-29 可以看出方案四对底板进行超挖锚注回填时，对巷道底鼓量控制最为明显。

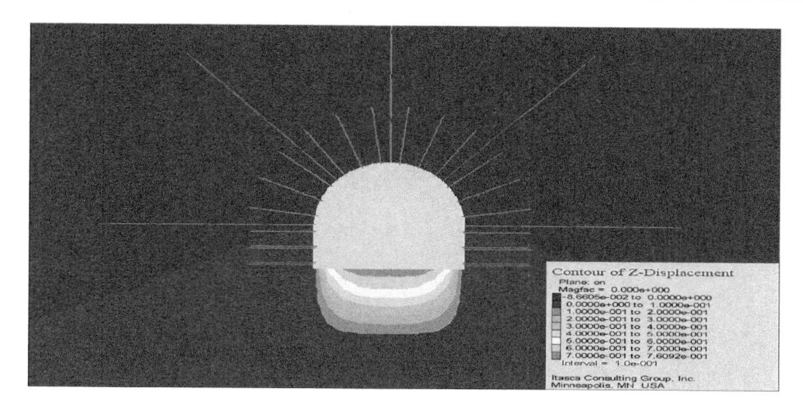

图 5-25 底板无支护时垂直位移

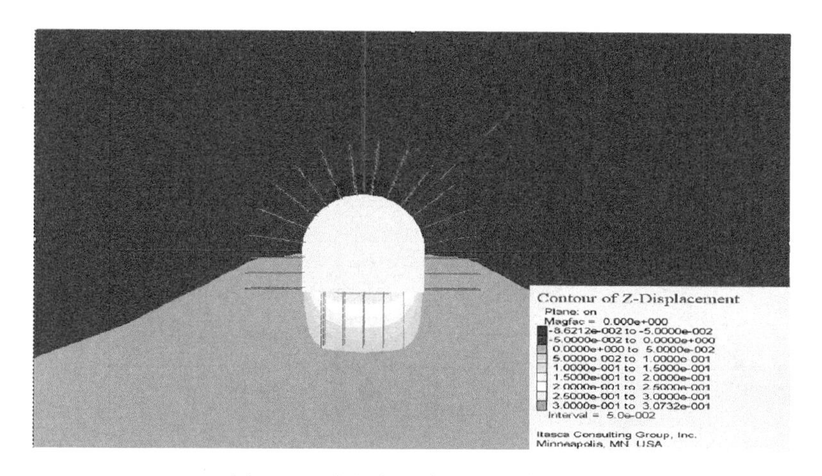

图 5-26 底板锚杆支护后垂直位移

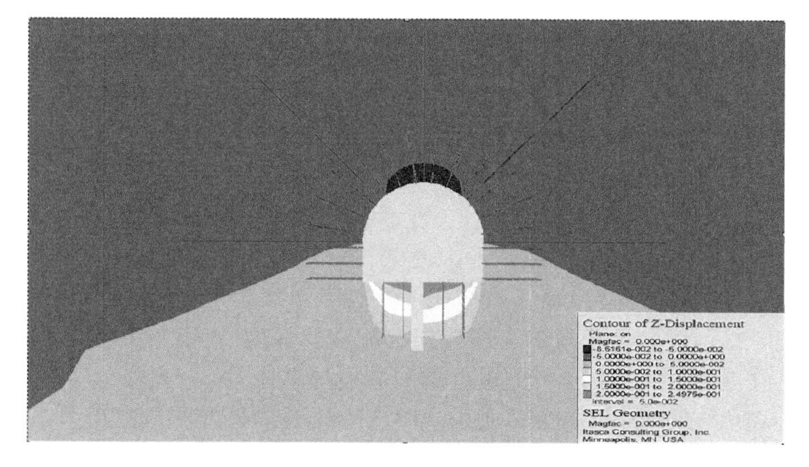

图 5-27 底板开挖卸压槽时垂直位移

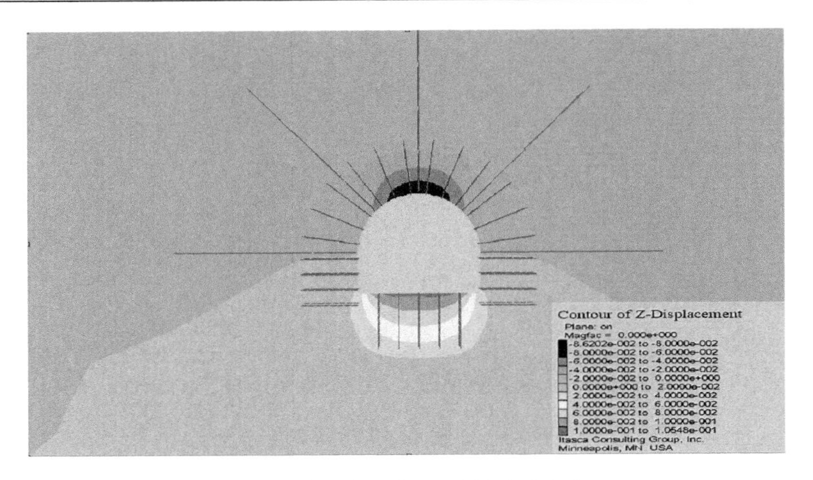

图 5-28　底板超挖锚注回填时垂直位移

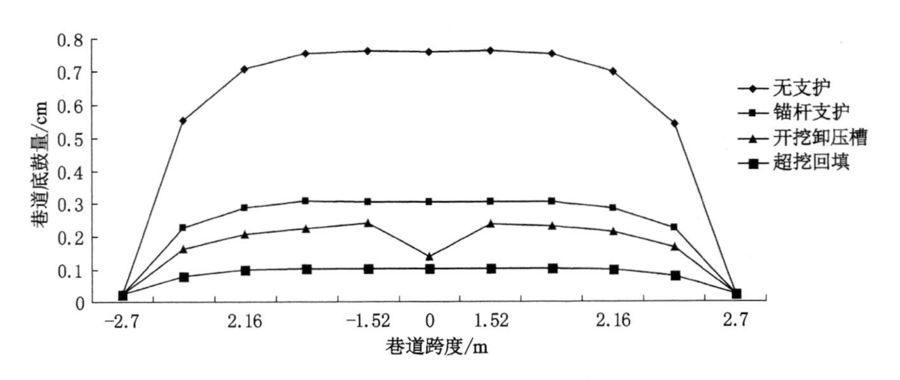

图 5-29　不同支护方案下巷道底板围岩底鼓量曲线

5.4　本章小结

通过建立－650 m 南翼大巷三维数值计算模型，首先模拟分析了巷道围岩力学特性，揭示了巷道围岩的应力、变形及破坏发展规律；其次模拟研究了几种不同的底板控制方案的变形控制效果，主要结论如下：

(1) 三条大巷同时掘进时，受到临近大巷开挖影响，巷道围岩变形加剧，巷道顶底板移近量较单巷掘进时增大近 50%，且底板的变形及破坏明显大于巷道两帮及顶板。

(2) 巷道开挖后，围岩内积聚的高应力向已掘空间释放，巷道周围一定范围内围岩的应力大幅降低，其中巷道顶、底板岩层出现严重的应力降低现象，大大降低了顶底板岩层的自承能力，且当三条大巷同时掘进时，顶底板岩层应力降低的程度和范围受多条大巷同时掘进影响急剧增大。

(3) 巷道开挖后，由于围岩内应力释放，导致围岩发生破坏，而巷道破坏先是从几个部位破坏(将这些部位称为关键部位)开始，然后发展到整个巷道失稳破坏，模拟分析得到巷道围岩垂直位移最大值出现在巷道底板及顶板靠近巷道中线部位，水平位移最大值出现在帮部靠近两隅角处，这些地方为巷道变形破坏的关键部位，也是巷道支护控制的重点部位。

(4) 深部大断面软岩巷道支护必须与其巷道围岩变形破坏特征相适应，支护不可能一次到位，需要发挥耦合支护作用共同控制围岩的变形破坏。巷道支护体与围岩的刚度、结构及变形需相耦合，进而更好发挥支护体的变形控制和吸收作用，控制巷道变形破坏。

(5) 通过对比模拟分析多种不同底板支护控制方案，超挖锚注回填对巷道底鼓控制效果最佳。

6 大断面软弱围岩巷道支护控制技术

6.1 南翼软岩大巷围岩支护控制方案提出

前文在－650 m 南翼大巷掘进迎头位置进行了巷道顶板、巷道起拱处、巷道帮的多个钻孔的电视成像探测（探测深度 10 m）。探测结果表明，巷道顶板、拱、帮完整性较差，围岩浅部破碎严重，钻孔 8 m 范围内裂缝、裂隙带、破碎带等接连出现，且探测过程中多次出现软弱泥岩堵孔；在－650 m 南翼回风大巷修复迎头位置进行了巷道顶板及两帮的多个钻孔的初步探测（探测深度 10 m），探测结果表明，巷道围岩变形破坏严重、破坏范围大，巷道围岩松动圈范围超过 3 m，局部可达 5 m，巷道围岩裂隙发育深度较大，钻孔资料显示围岩深部 10 m 左右仍有裂隙等出现。在－650 m 南翼回风大巷取岩芯采样分析，得出大巷围岩岩石质量整体较差，巷道开挖后围岩自承能力较弱。

南翼大巷围岩应采用锚杆、长锚索加围岩注浆联合支护控制方式，注浆要采用注浆管＋注浆锚索的深、浅耦合注浆方式实现巷道全断面封闭式注浆。锚杆的支护作用主要是通过锚固力对松动的围岩进行约束，形成一个挤压加固带，长锚索将浅部围岩挤压加固带悬吊于深部坚硬岩层之上，增加围岩稳定性，注浆可以改善围岩本身的力学性能，提高破碎围岩的弹性模量和内摩擦角，提高围岩自身承载能力。

基于巷道围岩钻孔探测和巷道围岩力学特性分析结果，发现新掘段和修复段巷道围岩变形破坏程度和范围有较大差异，由此课题组针对新掘段和修复段巷道围岩变形破坏特征，提出两种不同的支护方案和参数，即巷道掘进支护控制方案和巷道修复加固方案。

6.1.1 巷道掘进支护控制方案

6.1.1.1 巷道顶板、两帮支护

巷道采用锚网索梁喷注联合支护作为永久支护，如图 6-1 和图 6-2 所示，具体如下：

（1）顶部和帮部锚杆均采用 $\phi22\times2\ 500$ mm 高强预应力左旋无纵筋螺纹锚杆，锚杆间排距为 700 mm×700 mm，锚杆施工前挂网。锚网支护后及时完成初喷，初喷厚度 30 mm。

（2）锚网喷支护后施工注浆管，注浆管规格为 $\phi26\times2\ 500$ mm，间排距为 1 800 mm×1 800 mm，全断面布置（顶、帮），正顶一棵，向左右每偏 1 800 mm 各 1 棵，每排 7 棵。

（3）锚索采用 $\phi22\times8\ 000$ mm 锚索（注浆锚索），巷道顶板正中 1 棵，以此为基准向左右每偏 14 00 mm 布置一棵，每排支护 5 根锚索，锚索施工紧跟掘进面进行。

（4）锚索施工完成后进行二次喷浆，喷层厚度 50 mm。

（5）滞后工作面掘进 15～18 d，进行巷道围岩全断面深部注浆（注浆锚索）与围岩浅部注浆（注浆管），巷道全断面注浆管布置如图 6-3 所示。注浆浆液为 Po42.5 级普通硅酸盐水泥配

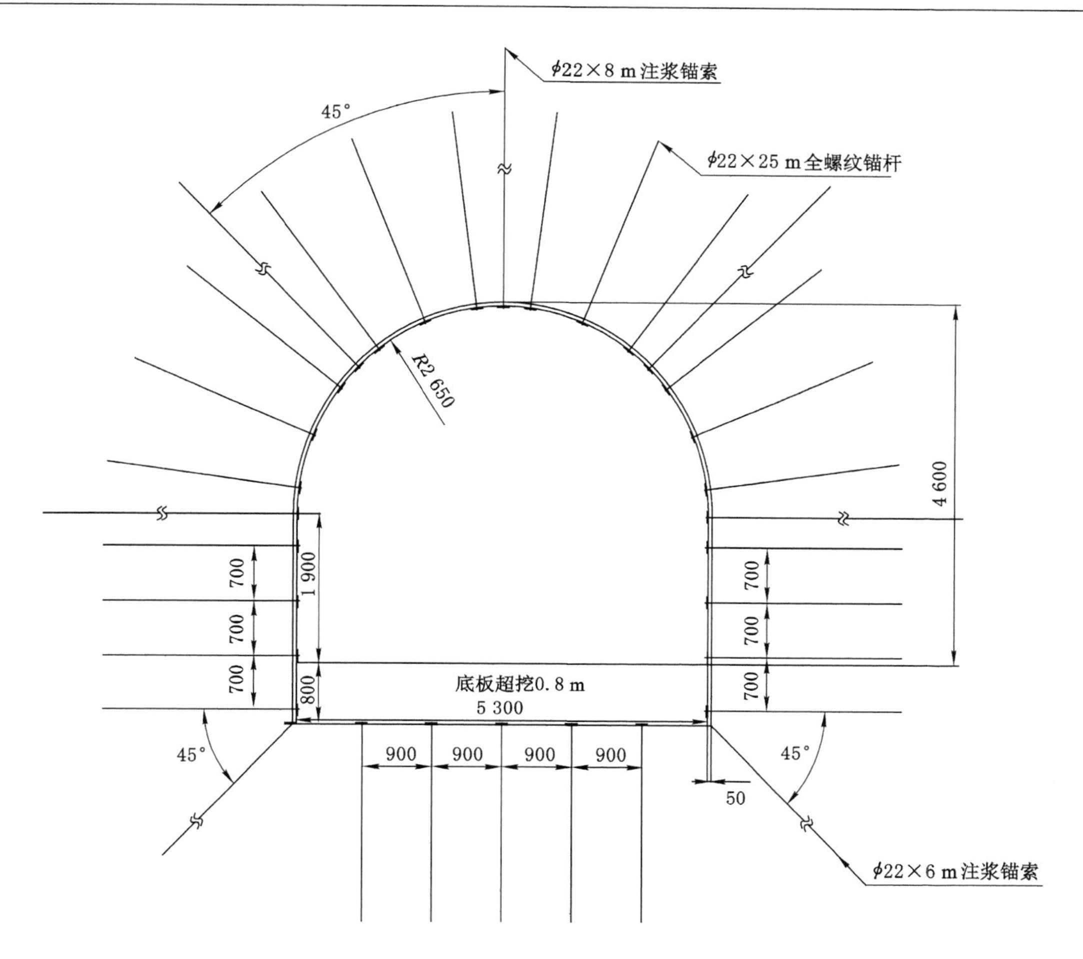

图 6-1　巷道断面(含底板超挖)支护图

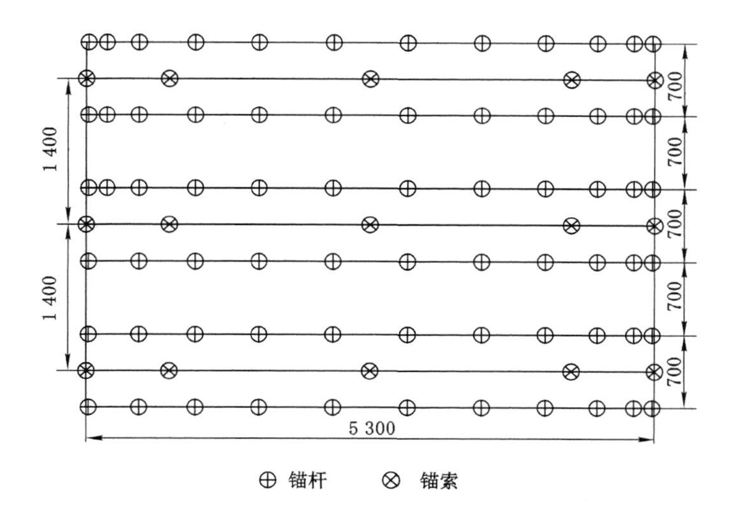

图 6-2　巷道顶拱支护俯视图

制成的单液浆，水灰比为 1∶2、注浆锚索注浆终压 7～8 MPa，注浆管注浆终压 3～4 MPa。

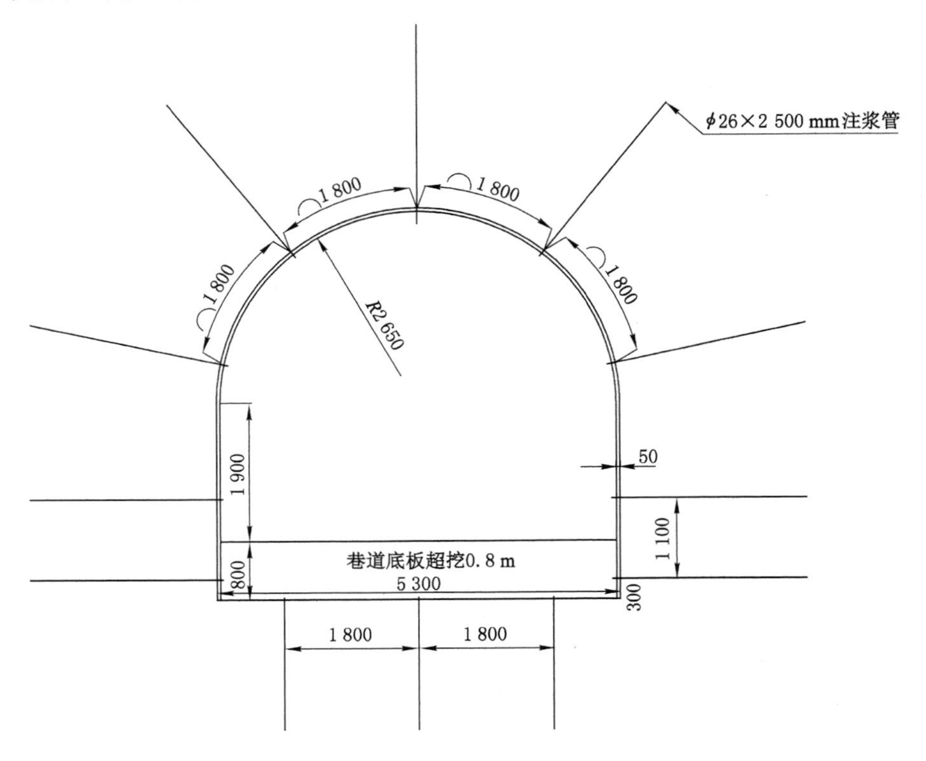

图 6-3 巷道全断面注浆管布置图

6.1.1.2 巷道底板加固

巷道底板采用超挖锚注回填的加固方案，其支护流程如下：

(1) 对巷道底板水平面以下 800 mm 的岩体超挖。

(2) 超挖后对底板锚杆加固，锚杆采用 ϕ22×2 500 mm 高强预应力左旋无纵筋螺纹锚杆，正中布置一根，间排距 900 mm×900 mm，每排布置 5 根底板锚杆，如图 6-1 所示。

(3) 增设 2 根底板注浆锚索(在巷道左右两底脚与巷道底板呈 45°)，锚索直径 ϕ22 mm，长度 6 000 mm，排距 1.4 m。

(4) 在巷道底板布置底板注浆管，注浆管规格为 ϕ26 × 2 500 mm，间排距为1 800×1 800 mm。

(5) 锚杆、注浆管、锚索施工完成后喷浆，喷层厚度 30 mm。

(6) 滞后 15 d 对超挖巷道底板进行锚管注浆与锚索注浆，锚管端部车丝，注浆完毕用专用托盘上紧；注浆材料选用 P. O. 42.5 硅铝酸盐水泥单液泥浆，水灰比为 1∶2；注浆锚索注浆终压 7～8 MPa，注浆管注浆终压 3～4 MPa。

(7) 最后用 C40 混凝土对超挖底板进行回填。

6.1.2 巷道修复加固方案

6.1.2.1 巷道顶板、帮加固

巷道采用锚网索梁喷注联合支护作为永久支护，如图 6-4 和图 6-5 所示，具体如下：

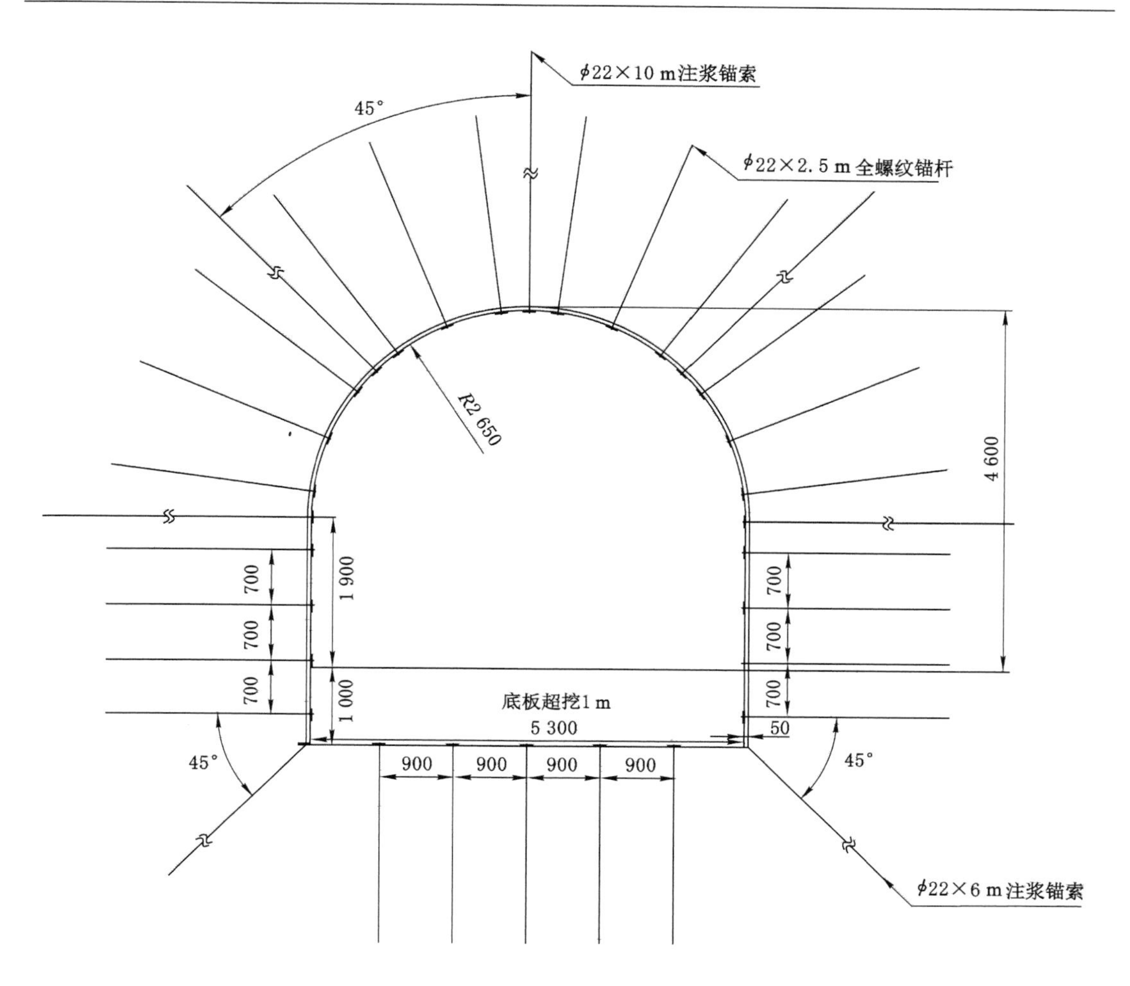

图 6-4 巷道断面(含底板超挖)支护图

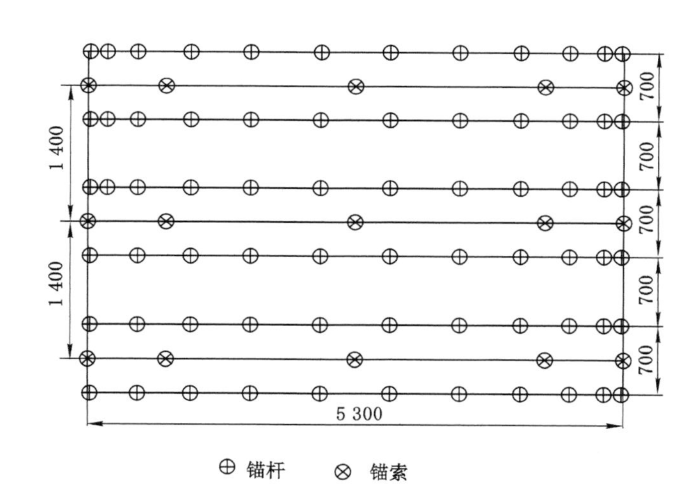

图 6-5 巷道顶拱支护俯视图

(1) 在原设计断面基础上，顶、帮超挖厚度 200 mm，底板超挖 1 000 mm(一次全断面施工)。

(2) 锚杆：顶部和帮部锚杆均采用 ϕ22×2 500 mm 高强预应力左旋无纵筋螺纹锚杆，间排距 700 mm×700 mm；锚杆施工前挂网，锚网支护后及时初喷，初喷厚度 30 mm。

(3) 锚网喷支护后施工注浆管，注浆管规格为 ϕ26×2 500 mm，间排距为 1 800 mm×1 800 mm，全断面布置(顶、帮)，正顶 1 棵，向左右每偏 1 800 mm 各 1 棵，每排 7 棵，如图 6-6所示。

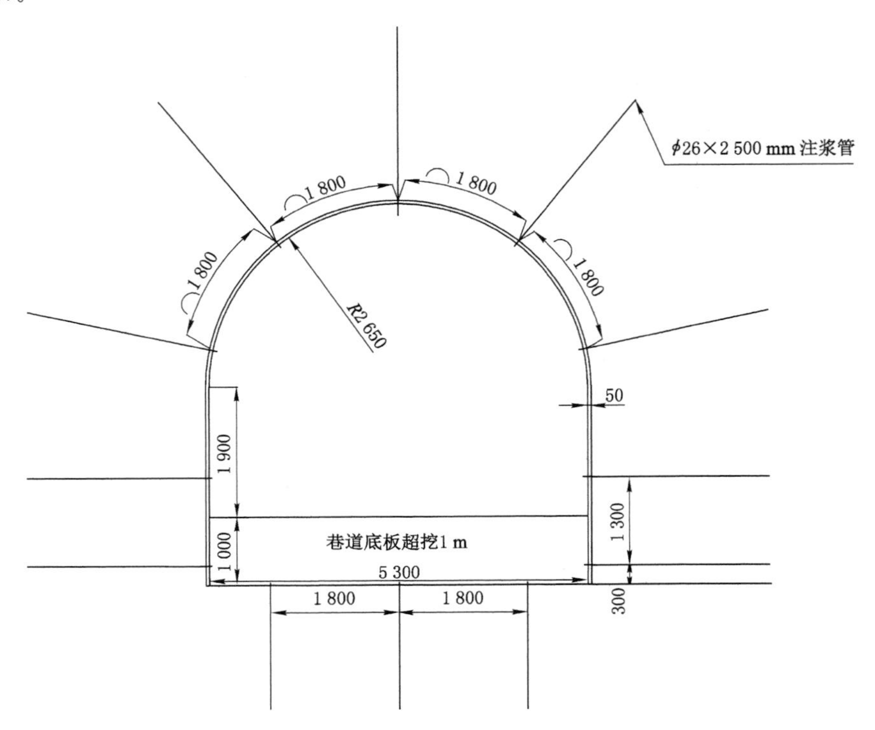

图 6-6　巷道全断面注浆管布置图

(4) 锚索采用 ϕ22×10 000 mm 注浆锚索，间排距为 1 400 mm×1 400 mm，巷道顶板正中 1 棵，以此为基准向左右每偏 1 400 mm 布置 1 棵，每排支护 5 根锚索，锚索施工紧跟修复迎头进行。

(5) 复喷、注浆：锚索支护后二次喷浆，喷层厚度 50 mm；及时进行巷道围岩全断面深部注浆(注浆锚索)与浅部注浆(注浆管)，注浆浆液为 Po42.5 级普通硅酸盐水泥配制成的单液浆，水灰比为 1∶2、注浆锚索注浆终压为 7～8 MPa，注浆管注浆终压力 3～4 MPa。

6.1.2.2　巷道底板加固

(1) 对超挖底板锚杆加固，锚杆采用 ϕ22×2 500 mm 高强预应力左旋无纵筋螺纹锚杆，正中布置 1 根，间排距 900 mm×900 mm，每排布置 5 根底板锚杆，如图 6-6 所示。

(2) 在巷道底板布置底板注浆管，注浆管规格为 ϕ26×2 500 mm，间排距为 1 800 mm×1 800 mm，注浆管布置如图 6-6 所示。

(3) 增设 2 根底板注浆锚索(在巷道两底脚与巷道底板呈 45°)，锚索直径 ϕ22 mm，长度

6 000 mm，排距 1.4 m。

(4) 对超挖巷道底板进行锚管注浆，锚管端部车丝，注浆完毕用专用托盘上紧；注浆材料选用 P.O.42.5 硅铝酸盐水泥单液泥浆，水灰比为 1∶2；注浆终压力 3～4 MPa。

(5) 最后用 C40 混凝土对超挖底板进行回填。

6.1.3 注浆锚索及施工工艺

6.1.3.1 锚注锚索的技术特点

锚注锚索采用螺旋肋预应力钢丝加工的内有注浆管的锚具索紧固锚索。采用螺旋肋预应力钢丝突出的优点就是其锚固强度、载荷传递特性和锚固延性较之用钢绞线截割成的锚索有大幅度的提高。采用高强度螺旋肋预应力钢丝制造锚索的锚固强度比相同直径的用钢绞线截割成的锚索提高 15%以上，而锚固延性可提高 25%以上，该锚索有以下特点：

(1) 锚索索体为新型中空结构，自带注浆芯管，采用反向注浆方式，不仅消除了产生空洞的可能，保证锚固浆液充满钻孔，而且省去了排气管和注浆管专用接头（直接利用螺纹锁紧机构作为注浆管接头），也无须在现场绑匝注浆管、排气管以及封堵注浆孔，使施工工艺大为简化。

(2) 索体上部为搅拌树脂药卷端锚，下端采用螺纹锁紧，安装后能立即承载，施加预应力，而对于自稳能力差的顶板岩层又是非常有利和必要的；此外，锚索安装后能够与锚杆同步承载，形成整体支护作用，对保证支护效果非常有利。

(3) 注浆可以安排在迎头后方一定距离将一定范围的锚索一次注完。

(4) 索体采用创新型的结构设计，在保证注浆通径的前提下，索体直径达到最小化，所需安装孔径小，实现了小孔径、大吨位，索体结构本身满足高压注浆的要求，可以实现锚注结合。

(5) 锚索采用与现有锚索一样的锁紧机构，安装预紧与现有锚索一样。

直径为 22 mm 中空锚注锚索的主要技术参数如表 6-1 所列，锚索结构如图 6-7 所示。

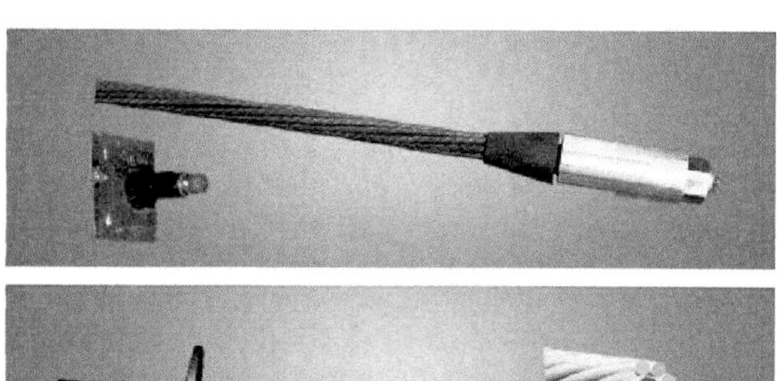

图 6-7 树脂端锚螺纹锁紧中空注浆强力锚索

表 6-1 直径 22 mm 中空锚注锚索技术参数

公称直径/mm	破断强度/MPa	破断力/kN	屈服强度/MPa	延伸率	安装孔径/mm
22	≥1 760	≥4 200	≥1 500	≥5%	30～32

然而传统的注浆锚索结构特点是在钢绞线锚索的中心设有注浆芯管，孔底段为不设注浆芯管的“锚固剂锚固段”，紧接锚固段设置 1～3 个“鸟笼”式的隆起作为浆液的流动通道，孔口端设有锚固头。这种注浆锚索最大的弊端是：当巷道深部围岩裂隙较发育，巷道围岩设计注浆深度和注浆量较大时（大于 8 m），由于围岩注浆深度较大、传统注浆锚索的浆液流动通道少，注浆阻力较大、效率较低、范围较小，注浆效果不佳，无法满足支护强度要求。特别是对围岩裂隙较发育的破碎软岩巷道，注浆效率较低，1 根传统的注浆锚索注浆时间通常超过 4～6 h，且不能很好地实现全孔段的密实注浆，严重影响巷道围岩支护控制的效果。

基于此，对传统注浆锚索结构进行了改进，研发了一种高效的巷道深部围岩注浆锚索，新型注浆锚索结构如图 6-8 所示，该锚索在保证传统锚索支护强度的同时，大幅提高锚索的注浆效率。

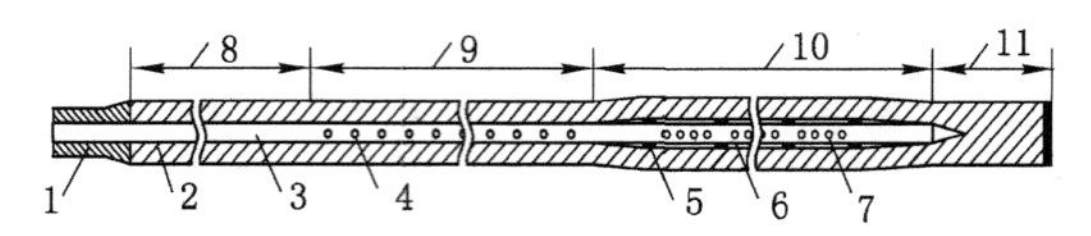

图 6-8　新型注浆锚索结构示意图

1——锚固头；2.——钢绞线；3——注浆芯管；4——浆液流动孔；5——金属套管；6——空隙；
8——浅部封闭区；9——高压注浆段；10——低压注浆段；11——锚固段

新型注浆锚索的工作原理如下：当使用注浆泵对巷道深部围岩进行注浆时，浆液从“低压注浆区”的缝隙段流出进入围岩裂隙，由于缝隙段缝隙较大，浆液流动的阻力小，所以一开始浆液压力较小，随着围岩深部裂隙的慢慢充满，浆液压力逐渐升高；当围岩深部裂隙完全由浆液充满时，注浆压力达到一定高压值，此时浆液把“高压注浆区”的钢绞线撑开，由于浆液流动阻力较大，浆液以高压状态从撑开的缝隙流出，只有注浆泵将注浆压力升到高压值时浆液才能渗流到围岩裂隙中，进而进入围岩较浅部裂隙，实现由巷道围岩深部往浅部逐步注浆，进而可以实现全孔段密实注浆，提高巷道围岩注浆效率，保证围岩注浆效果。

6.1.3.2　锚注锚索施工工艺

（1）钻注浆锚索孔

① 使用单体顶板锚杆钻机或者支腿式帮锚杆钻机按设计位置钻锚索孔。

② 钻顶板岩石孔应采用 $\phi32$ 金刚石钻头、钻两帮锚索孔应采用 $\phi32$ 合金钻头。钻孔按打树脂锚索孔施工技术要求进行，钻孔深度小于注浆锚索长度 25 cm。

③ 钻孔时应注意，帮或顶较破碎的地方要将碎体放下来，清理出打孔位置，同时也便于封孔和控制打孔深度。

（2）安装注浆锚索及封孔

① 用锚注锚索把树脂锚固剂推入钻底，然后边推进边搅拌，搅拌时间不少于 10 s。安装时应缓慢推进锚索，避免锚固剂安装不到位，出现“穿糖葫芦”现象。如果锚索人工安装不进去，应及时从钻孔中抽出锚索，检查原因，是否出现塌孔现象。

② 锚索托板前，应检查孔口是否完整，然后安装止浆塞到孔口，当孔口破碎成喇叭口形状时应适当地缠绕棉纱。

③ 检查封孔质量，如果止浆塞周围存在空隙，用棉纱塞紧，根据封孔位置距巷道表面的距离选用合适长度的 $\phi40\times5$ mm 的钢管，用锚索托盘压住，然后依次将托盘、球形垫圈、索

具安装到位。

④ 安装张拉千斤顶进行张拉，张拉力不低于 100 kN。

⑤ 最后检查锚索托盘是否紧贴岩面。但安装时避免出现因张拉使锚索折弯现象，使注浆产生大的阻力。

(3) 设备安装

① 注浆设备到最远处注浆锚索的位置应在 10 m 以内。

② 将注浆泵和搅拌器装配起来，连接风、水管路和注浆器。用清水将搅拌桶冲洗干净，严禁桶内有杂物、水泥硬块等。

③ 油壶内加满油，向搅拌桶内加入少量水，并慢慢开风，对搅拌器和注浆泵进行试运转。

④ 在确保搅拌器和注浆泵正常运行，注浆泵注出的水有足够的压力，且各种管路和开关连接无误的情况下，可以进行搅拌注浆液。

(4) 配料

① 向搅拌桶内注入清水，根据一次注浆孔的数量确定水量，水灰比为 1∶2 加入水泥，同时加水泥 8%的 ACZ—I 注浆添加剂。

② 开动搅拌机，开始时速度较慢，向桶内加入 42.5R 水泥，边加入边搅拌。水泥必须慢慢加入，并不断搅拌，避免大量水泥到入桶内，影响搅拌质量和效果。

③ 若出现搅拌机搅不动的情况，此时可关闭搅拌机，把大的水泥块破碎，然后再开搅拌机。注意在搅拌机工作期间不得将手伸入桶内，以免受伤。

④ 按规定的水灰比配好浆液，搅拌均匀，使水泥水化后即可注浆。

(5) 注浆

① 注浆时机一般在掘进期间巷道活跃期以后进行注浆。

② 卸下锚索尾部的丝堵，连接注浆器到锚索尾部内螺纹上，慢慢扭紧注浆器，检查与注浆泵连接的注浆管是否畅通。

③ 启动注浆泵进行注浆，开始速度要慢些，并边搅拌边注浆，注浆时搅拌速度可慢一些。

④ 在注浆过程中，当听到注浆泵发出一种沉闷声音时，表明注浆泵压力已达到最大(7 MPa)，可关闭注浆泵，等待 2～3 min 再注浆。

⑤ 注浆时，锚索下方和两侧 45°内严禁站人，以免出现意外。

⑥ 当锚索托盘周围出浆或锚索周围的裂隙、锚杆孔出浆时，表明已注满，停止注浆。

⑦ 注浆过程中每个钻孔应一次性注满，若中途停滞时间超过 2 min，将会堵塞注浆管。

⑧ 卸下注浆器，拧紧锚索尾部丝堵。连接下一锚索，重复以上过程。

(6) 清洗设备

注浆结束后，应及时彻底地清洗设备是非常重要的。很多情况下出现的注浆问题和设备损坏都是因为设备清洗不好。

① 注浆结束后，用清水和钢丝刷将搅拌桶内清洗干净。

② 向桶内加入清水，开动注浆泵，将泵内残留浆液冲洗出来。

③ 关闭风源，以免误操作使设备空载运行。

④ 注浆一段时间后，应将注浆泵吸浆管卸下，冲洗干净并抹上油，再重新装好，防止吸

浆管堵塞。

6.2 巷道支护方案控制效果及参数优化模拟研究

6.2.1 支护方案控制效果模拟

巷道掘进段和修复段均采用锚网索梁喷注联合支护作为永久支护，掘进段和修复段巷道采用的支护方案是相同的，只是在支护参数和支护工艺上存在差异。因此，为了解课题组所提出的锚网索梁喷注联合支护方案的变形控制效果，以掘进段巷道围岩为研究目标建立巷道围岩支护模型，模拟分析锚网索梁喷注联合支护下巷道围岩的变形情况。

6.2.1.1 巷道围岩支护模型建立

在前文数值分析模型基础上，巷道开挖后加上支护手段，模拟巷道支护后的围岩力学特征。数值模拟模型如图 6-9 所示，锚杆支护参数见表 6-2。

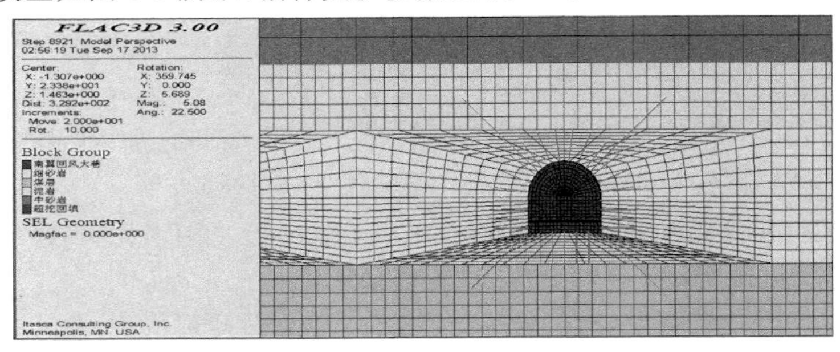

图 6-9 南翼回风大巷支护的数值模型

表 6-2 锚杆支护参数表

弹性模量 /GPa	横截面积 /m^2	抗拉强度 /MPa	锚固剂黏结刚度 /MPa	锚固剂黏结力 /(N/m)	锚固剂摩擦角 /(°)	锚固剂外圈周长 /m
200	3.8×10^{-4}	300	500	2×10^{5}	35	0.088

在锚注支护模型中，注浆后浆液的扩散半径取 1.5 m，支护半径 1.5 m 范围内围岩弹模提高 150%，凝聚力和内摩擦角提高 20%。

6.2.1.2 模拟结果分析

(1) 巷道支护后围岩垂直位移

图 6-10 为巷道开挖支护后围岩垂直位移云图，巷道开挖及时进行支护后，顶底板移近量明显降低，巷道最大位移量在顶板处，最大位移量为 12 cm，巷道底部最大位移量为 9 cm，可以看出支护可以明显降低顶底板位移。

(2) 巷道支护后围岩水平位移

图 6-11 为巷道开挖支护后围岩水平位移云图，巷道开挖及时进行支护后，巷道帮部位移明显减小，水平位移最大处在巷道帮部及隅角，最大水平位移为 5 cm。

(3) 巷道支护后围岩垂直应力

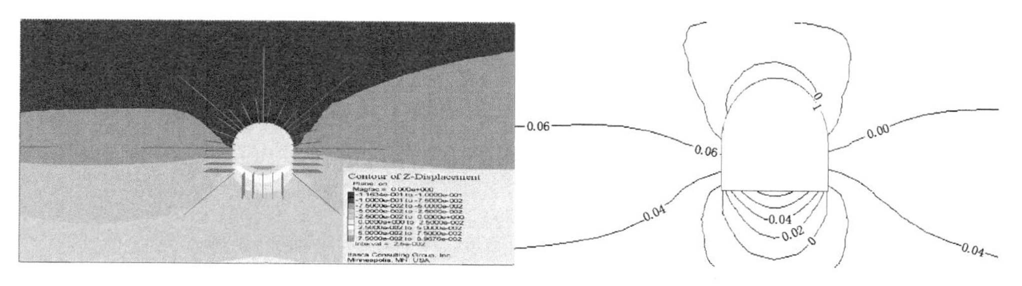

图 6-10 南翼回风大巷支护后围岩垂直位移云图

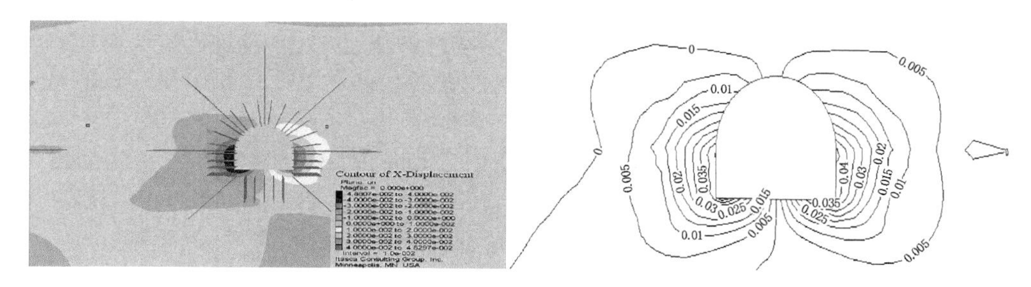

图 6-11 南翼回风大巷支护后围岩水平位移云图

图 6-12 为巷道支护后围岩垂直应力云图，巷道支护开挖后，顶板 1.5 m 范围内垂直应力达到 10 MPa，比未支护开挖时应力增加了 6 MPa。

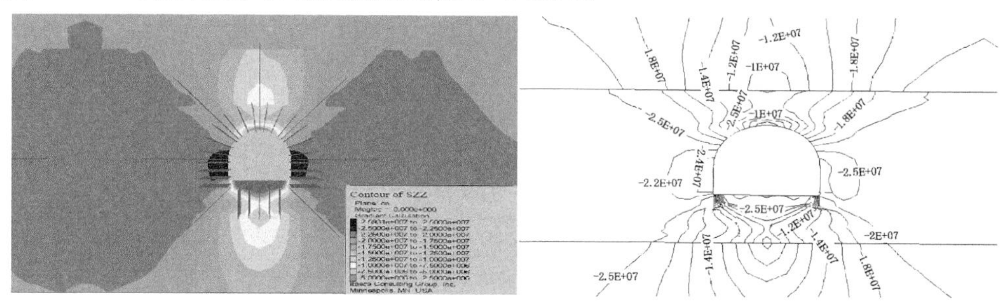

图 6-12 南翼回风大巷支护后围岩垂直应力云图

(4) 巷道支护后围岩水平应力

图 6-13 为巷道开挖及时进行支护后围岩水平应力云图，巷道围岩水平应力与无支护时有较大的增加，帮部 1.5 m 范围内最大水平应力增加至 12 MPa，同时在顶板上方和帮部形成了较为明显的高应力区，围岩的完整性得到了加强。

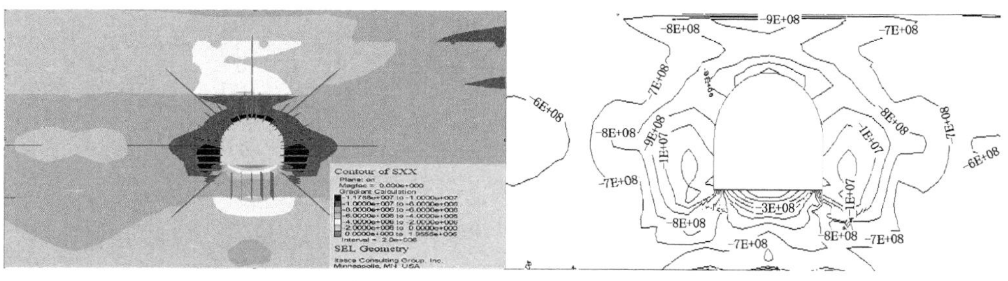

图 6-13 南翼回风大巷支护后围岩水平应力云图

综上所述可看出，该支护方案能够较好地控制巷道围岩变形，长锚索和注浆加强支护，使得巷道围岩的应力水平有了较大提高，说明锚索和注浆有效降低了巷道顶部和帮部的位移量，围岩变形得到控制，同时巷道围岩应力水平的增大也提高了围岩自身的承载能力，降低了巷道围岩变形失稳的可能性和风险。该支护方案能够有效地控制巷道围岩（顶部和帮部）的变形破坏，控制效果良好。

6.2.2 支护参数优化模拟研究

在进行巷道支护设计时，锚杆（索）的长度、间排距、位置等参数都对巷道的支护效果有着或多或少的影响。

数值模拟由于其本身具有效果清楚、直观、实验周期短、成本低、见效快、可视化效果好，另外数值模拟可以人为地控制和改变实验条件，可以多次重复进行且能保存实验结果，得到了广泛应用。

影响模拟试验的因素有很多，其中包括可变因素和不可变因素，对于不可变因素，本试验不予研究；对于可变因素，排除一些次要因素，而挑选一些主要因素。在本模拟研究中，主要考虑以下因素：(1) 锚杆的长度、直径、间排距；(2) 锚索的长度、直径、间排距。

巷道锚杆的不同参数选择与锚索的不同参数选择情况分别如表 6-3 和表 6-4 所列，以顶底板移近量 D 作为衡量指标。

表 6-3　　锚杆支护主要参数

锚杆长/mm	锚杆直径/mm	锚杆间排距/mm
2 200	20	600
2 500	22	700
2 800	24	800

表 6-4　　锚索支护主要参数

锚索长/mm	锚索直径/mm	锚索间排距/mm
7 000	20	1 200
8 000	22	1 400
9 000	24	1 600

支护参数对围岩的影响可通过图 6-14 至图 6-19 反映出来，首先分析锚杆支护主要参数的影响，通过比较可以发现：

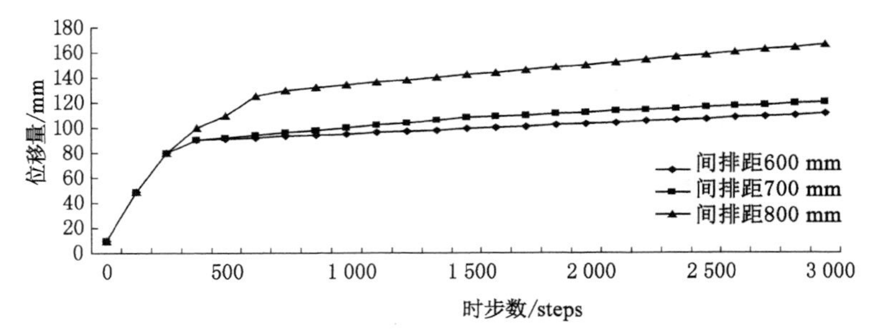

图 6-14　锚杆不同间排距时巷道顶板位移量

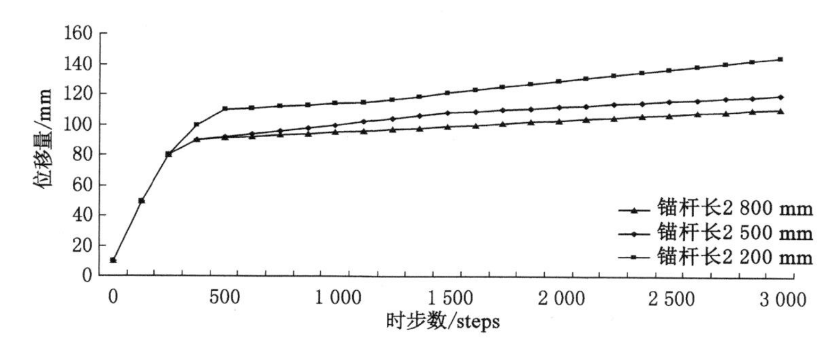

图 6-15　锚杆不同长度时巷道顶板位移量

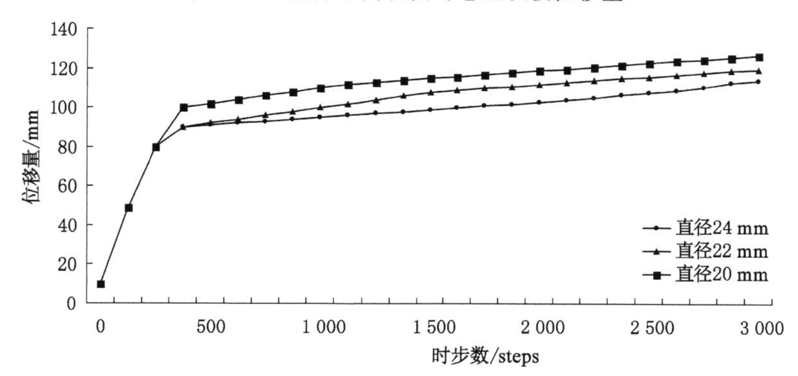

图 6-16　锚杆不同直径时巷道顶板位移量

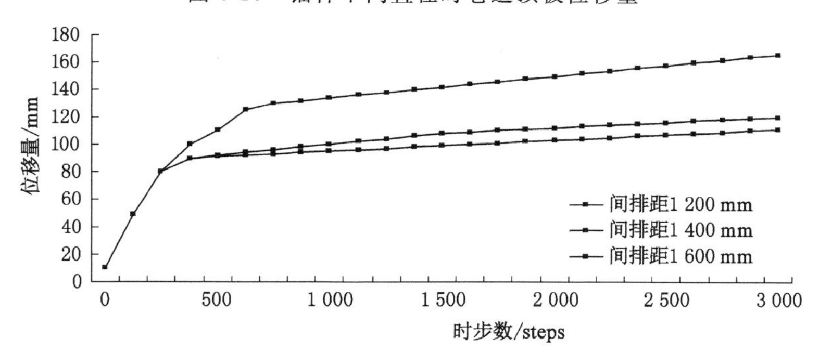

图 6-17　锚索不同间排距时巷道顶板位移量

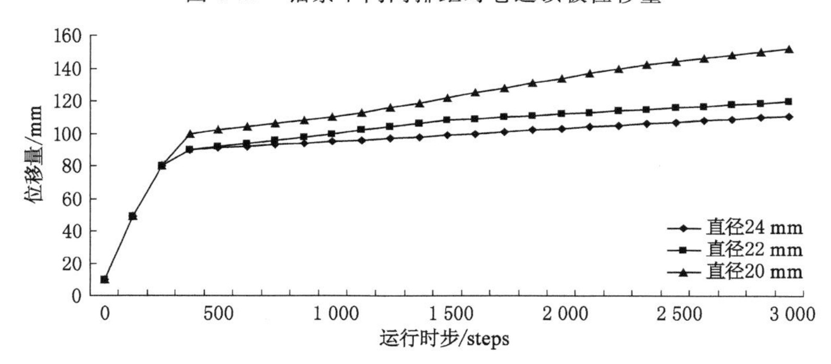

图 6-18　锚索不同直径时的巷道顶板位移量

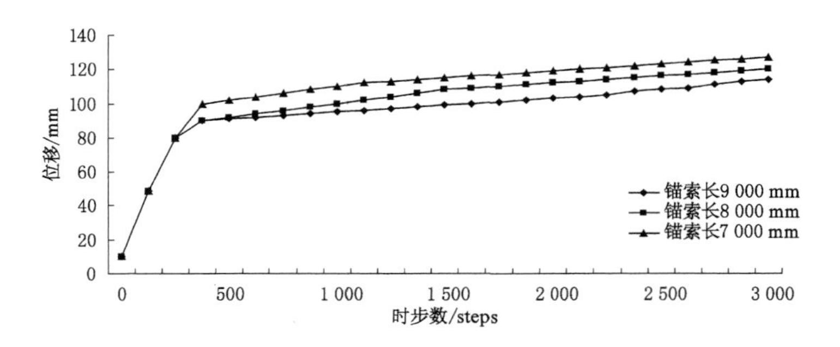

图 6-19 锚索不同长度时巷道两帮位移量

(1) 当锚杆间排距变大时，顶板位移量非常明显地增大(图 6-14)，这就说明顶板位移量对锚杆的间排距的变化反应是很强烈的，因此，进行支护设计时应把间排距作为首要考虑因素，但当间排距从 700 mm 缩小到 600 mm 时，围岩位移量有较小的变化。

(2) 当锚杆长度变大时，顶板位移量逐渐减小(图 6-15)，但变化量不如间排距变化时顶板变化量大，当锚杆长度由 2 500 mm 变为 2 800 mm 时，巷道位移量变化较小。

(3)当锚杆直径变大时，顶板位移量减小(图 6-16)，但变化量相比间排距和长度均较小，是支护设计时次要考虑的因素。

对比分析锚索支护主要参数对巷道围岩控制效果的影响，可以得出：

(1) 当锚索间排距变大时，顶板的位移量显著增大(图 6-17)，锚索间排距对顶板的位移量影响作用较大，应作为支护设计时的主要考虑因素。

(2) 分析图 6-18 可以看出，锚索直径对巷道顶板的位移量也有一定的影响，当锚索直径变大时，顶板位移量相应减小。

(3) 如图 6-19 所示，随着锚索长度的增大，巷道顶板位移量逐渐减小，但顶板位移量减小的幅度不大。在进行支护设计时，锚索长度能达到围岩完整区即可，无须过长，作为支护设计时的次要考虑因素。

综上所述分析可以得出以下结论：

(1) 通过优化设计及具体模拟，获得了巷道支护的关键因素，影响较大的因素有锚杆间排距、锚杆长度、锚杆直径、锚索直径、锚索长度、锚索间排距，而在这些因素中，锚杆间排距以及锚索间排距是影响支护效果的关键因素。

(2) 在件允许的情况下，应积极调整支护参数，减小锚杆(索)的间排距，增大锚杆(索)的直径。

(3) 考虑到顶板是控制巷道变形的重点，应加强顶板管理。同时，优化后的参数虽然是通过分析顶板变形的基础上得出的，但对两帮变形同样适用，因此，通过调整参数可以达到有效控制顶板和两帮的目的。

(4) 基于模拟结果，考虑经济效益，结合优化前的支护参数，确定较优的支护参数为：锚杆长度 2 500 mm，直径 22 mm，间排距 700 mm；锚索长度 8 000 mm，直径 22 mm，间排距1 600 mm。

(5) 考虑到钻孔电视探测结果显示修复段巷道围岩深部 10 m 位置处仍有裂隙带和裂缝的出现，为降低巷道围岩再次发生变形破坏失稳的可能，修复段巷道锚注锚索长度为

10 000 mm较优。

6.3 围岩注浆加固合理时间研究

深部巷道受高地应力和构造应力的影响，围岩变形大，围岩自承强度随着时间推移逐渐减弱，使得破碎区向纵深发展，导致约束围岩变形的能力变差，从而使巷道在锚网索支护稳定后仍有发生破坏的潜在可能。在软弱岩层或不良岩层中开挖巷道，因岩体本身存在流变的特性，巷道围岩的失稳和破坏大都是空间与时间共同作用的结果。时间因素使得巷道开挖之后，由于地应力的作用围岩向开挖空间发生缓慢的收敛变形。

一次支护主要是加固围岩，增加围岩强度，提高其自身承载能力，并允许围岩在有效控制范围内释放变形能。然而，允许巷道发生的变形量应该在合理的可控范围之内，而不是无限制的变形。因此必须适时地对巷道围岩进行二次加固支护，允许巷道发生一定变形之后，进一步加固围岩，提高围岩的自承能力，充分发生围岩与支护体的共同控制作用，保证巷道的长期稳定。

6.3.1 最佳支护原理

6.3.1.1 围岩与支护共同作用原理

地下巷道稳定性是围岩应力和围岩强度在围岩动态过程中相互抗争的结果。围岩作为地下工程的有机组成部分，不仅对支护体产生围岩压力，而且围岩在进入塑性破坏状态后，并未完全丧失强度，其自身仍然具有承受围岩压力的作用，即以围岩与支架共同作用为基础，充分利用围岩自身的承载能力，允许围岩存在一定量的变形，在围岩变形尚未达到离层松脱之前进行支护。根据支架与围岩共同作用的原理，将巷道支架—围岩视为一对相互作用、相互影响的矛盾统一体，则巷道支架—围岩的支承力与巷道径向位移的关系曲线是支架—围岩相互作用的具体体现。

如图 6-20 所示，若对围岩进行支护过早，虽然有效控制围岩的变形，保持围岩的整体性，但同时要求支护体具有极高的强度；若支护过晚，围岩破坏严重甚至丧失自承能力，其自身重量又完全加在支护体上，增加支护体的负担。所以，适当选择支护时间是以最小成本取得最大支护效果的关键所在。同时，支护体的刚度选择也很重要，如图 6-21 所示，如果支护刚度过大，支护刚度与围岩变形应力曲线相交过早，变形限制的同时是支护体要承担很高的压力，刚度过小有可能丧失围岩的自承能力，同样要求支护体承担很高的围岩压力。

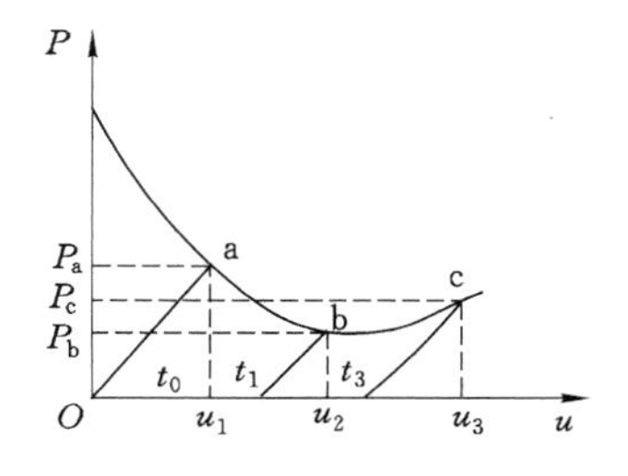

图 6-20　围岩压力与支护时间的关系

a——支护早；b——支护适时；

c——支护晚

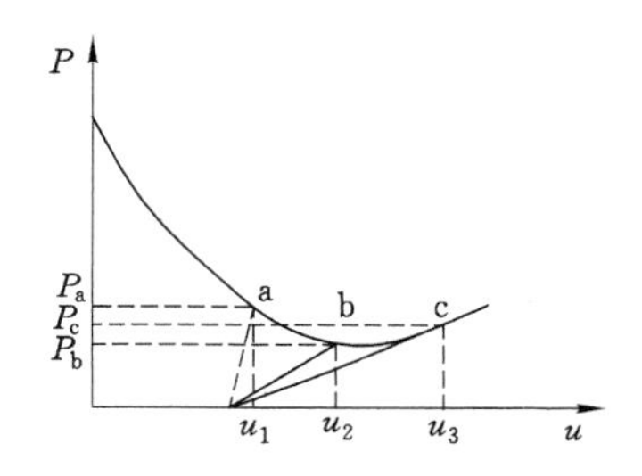

图 6-21　围岩压力与支护刚度的关系

a——支护刚度大；b——支护刚度适中；

c——支护刚度小

6.3.1.2 巷道最佳支护时间原理

在巷道掘进的过程中，随着掘进的进行，巷道围岩不断破坏。围岩的压力使得巷道发生变形，但这一破坏过程不仅表现在空间上位移的出现，也表现在随着时间的推移，围岩破坏区不断扩大、破坏变形程度不断增加。这是由于软岩巷道围岩具有流变特性，巷道围岩的变形破坏不是在开挖瞬间完成的，而是与时间因素密不可分的，其变形量随时间增长而逐渐变形最终趋于相对稳定。

在巷道掘进过程中，沿掘进方向不同位置处围岩的变形体现不同特性。如图 6-22 所示，在临近掘进面的岩体处于弹性变形阶段，其应力—应变曲线为直线，稍远处的围岩则逐渐进入塑性变形阶段，若未进行加固支护则远离掘进面的围岩可能破碎塌落，彻底丧失自承能力。

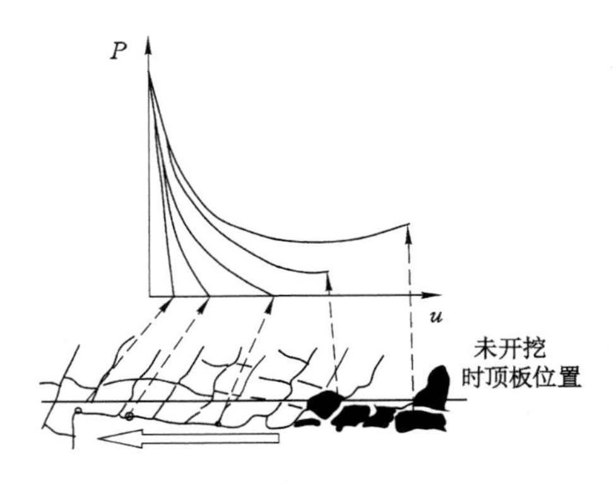

图 6-22 随巷道推进围岩应力—应变曲线

相同的支护结构在不同支护时间下对巷道围岩进行支护，其围岩与支护体的应力—应变曲线如图 6-23 所示。巷道开挖后，围岩虽然发生少量的变形但仍有很强的自承能力，如图 6-23(a)所示，紧跟掘进头进行永久支护，围岩的高应力全部由支护体承担，没有进行“让压”的过程，既极大提高了对支护结构刚度和强度的要求，又不能充分发挥和调动围岩的自承能力。对支护体要求的提高不仅意味着成本的大幅增加，也意味着设计、施工难度的大幅增加。图 6-23(b)为支护支护滞后掘进面一定距离，允许在适当条件下围岩发生一定的变形，以达到释放部分围岩应力的目的。但是，滞后掘进面的距离过大会使得在未加固支护的情况下，围岩发生无法控制的大变形，甚至破碎、塌落，完全丧失围岩的强度和自承能力，如图 6-23(c)所示，围岩的自重全部作为荷载加到支护体上，大于设计要求的应力可能导致支护结构的失败、巷道的完全破坏。

6.3.1.3 注浆加固支护最佳支护时间原理

最佳注浆加固支护时间的力学含义是：最大限度地发挥塑性区承载能力而又不出现松动破坏时所对应的时间。在现场具体施工中，通过对巷道表面或深部的位移进行监测，可以判定巷道位移变化速率由快到趋于平缓的拐点，以此点附近作为注浆加固支护的最佳时间，如图 6-24 所示。

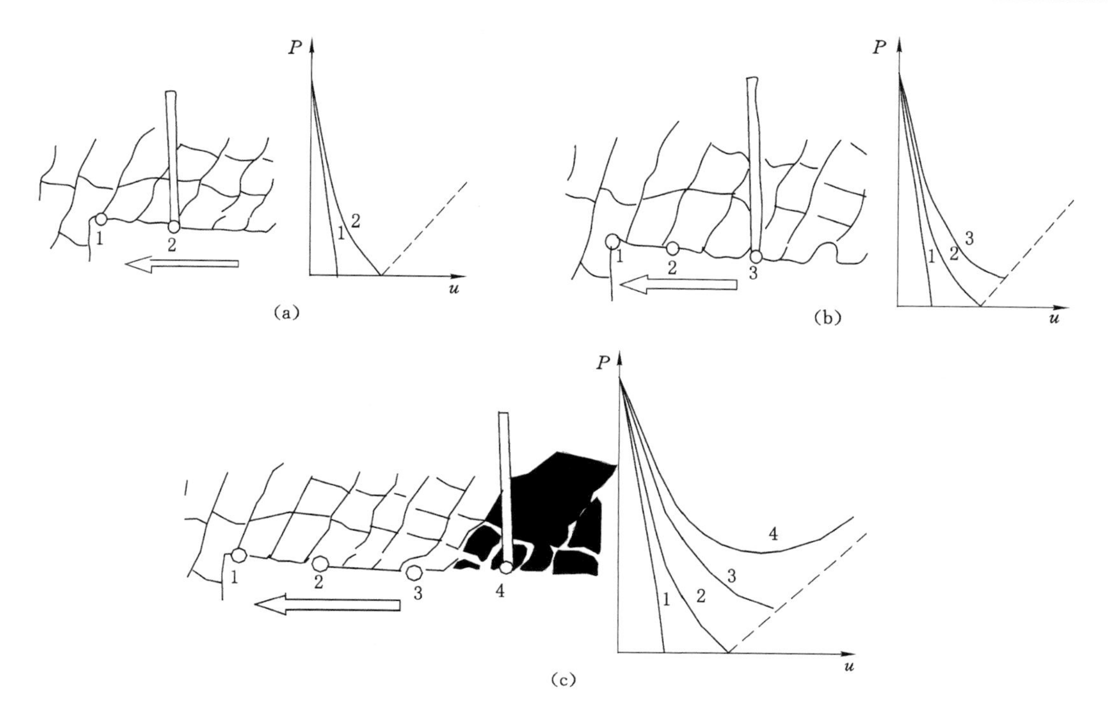

图 6-23　不同支护时间下围岩与支护体的应力—应变曲线

(a) 紧跟掘进面支护；(b) 滞后掘进面一段距离支护；(c) 滞后掘进面过长时间支护

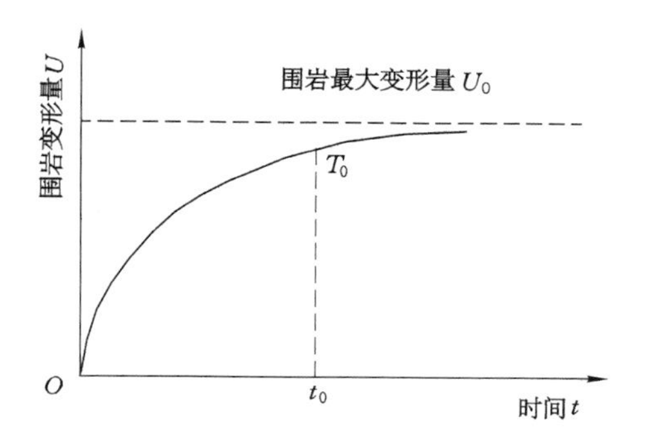

图 6-24　注浆加固支护最佳时间示意图

6.3.2　注浆加固支护合理支护时间研究

6.3.2.1　新掘巷道注浆加固支护合理时间

合理注浆加固支护时间应该在围岩变形及锚杆受力逐渐趋于相对稳定时对应的时间。在巷道掘进并完成一次支护后(锚网索＋初喷)，通过巷道表面位移监测发现，巷道围岩在掘进后的 15 d 内收敛速度较快，为巷道围岩变形急剧发展阶段，15 d 之后巷道围岩变形进入缓慢增长阶段，如图 6-25 和图 6-26 所示。同样分析巷道掘进并完成一次支护后(锚网索＋初喷)锚杆受力情况，发现锚杆受力在掘进后的 18 d 内增长速度较快，18 d 之后锚杆受力曲线也进入缓慢增长阶段；同时，由图 6-25 和图 6-26 可以看出，软岩巷道围岩在一次支护稳定后，仍然会出现长期缓慢的收敛变形和破坏，最终将导致巷道的失稳，因此对于软岩巷道围岩进行二次加固支护显得尤为重要。综上分析，可以确定滞后掘进工作面 15 d 左右为巷道围岩注浆加固支护的合理时间。

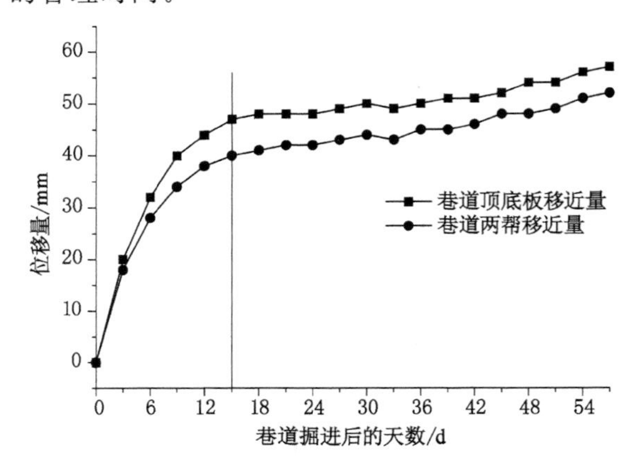

图 6-25　巷道掘进完成一次支护后围岩收敛变形曲线

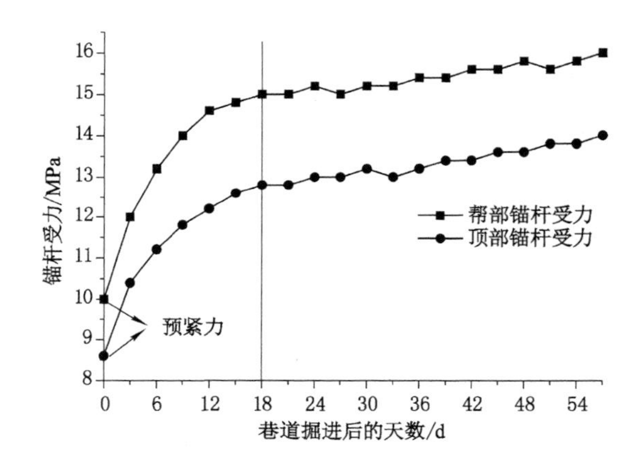

图 6-26　巷道掘进完成一次支护后锚杆受力曲线

6.3.2.2　修复巷道注浆加固支护合理时间

根据南翼大巷修复迎头深部围岩钻孔电视探测结果可知，修复段巷道围岩变形破坏严重、破坏范围大，巷道围岩松动圈范围超过 3 m、局部可达 5 m，巷道围岩裂隙发育，钻孔全长范围内破碎带、裂缝及裂隙带间隔出现。由此，为及时控制修复后的巷道围岩变形进一步扩大和防止围岩深部裂隙进一步发展，围岩注浆加固应紧跟修复迎头进行，及时重塑浅部破碎围岩、封堵深部围岩裂隙和裂缝，提高围岩自身承载能力，进而保证巷道围岩的长期稳定。

6.4　本章小结

基于大断面软岩巷道围岩破坏与加固机理，根据－650 m 南翼大巷围岩岩样实验室物理力学试验分析和围岩深部破裂离层钻孔电视探测结果分析，参考大巷原有支护方案和参数，研发了深井软岩穿层大巷锚网索梁喷注联合支护技术，同时提出了巷道围岩浅部全断面注浆管注浆和深部锚注锚索注浆相结合的深浅耦合注浆加固方案，并对支护参数、锚注工艺和注浆合理时间等进行了科学设计。

7 现场试验及矿压监测分析

软岩巷道锚网索梁喷注联合支护技术在－650 m 水平南翼大巷支护中进行了工业性试验，现场监测结果表明该技术能较好地满足开拓巷道的支护要求。

7.1 现场监测内容及监测方案

7.1.1 测区布置及监测内容

7.1.1.1 测区布置

针对－650 m 南翼大巷现场实际情况，计划在新掘段和修复段巷道共布置 5 个测区，以保证南翼大巷巷道稳定性初期研究工作的进行，随着巷道掘进面和修复面的不断推进，再根据现场实际情况增设测点。现场探测、监测测区布置采取不均等布置方式，主要考虑因素是巷道的特殊位置，选取巷道有代表性的特殊位置（巷道穿层段、顶板破裂区等）作为监测点，这样有利于更有效地掌握大巷围岩变形破坏发展规律。－650 m 南翼大巷监测测区布置如图 7-1 所示。

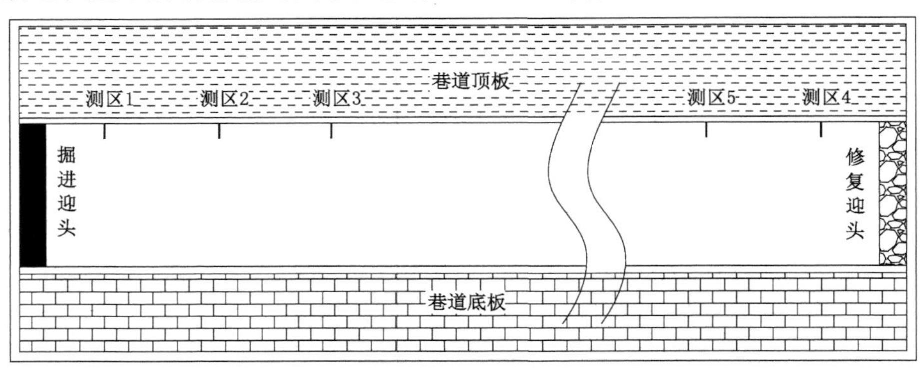

图 7-1 －650 m 南翼大巷现场监测测区布置示意图

7.1.1.2 监测内容

在每个测区内布设表面位移监测点、多点位移监测点与锚杆（索）受力监测点，分别监测巷道围岩深部位移发展规律、锚杆（索）受力变化规律。测区主要监测内容布置如图 7-2 所示。

7.1.1.3 监测频率

布设巷道表面位移测点、多点位移计、锚杆、锚索测力计，根据监测内容，巷道表面位移、顶板离层、锚杆（索）受力监测每天监测一次。

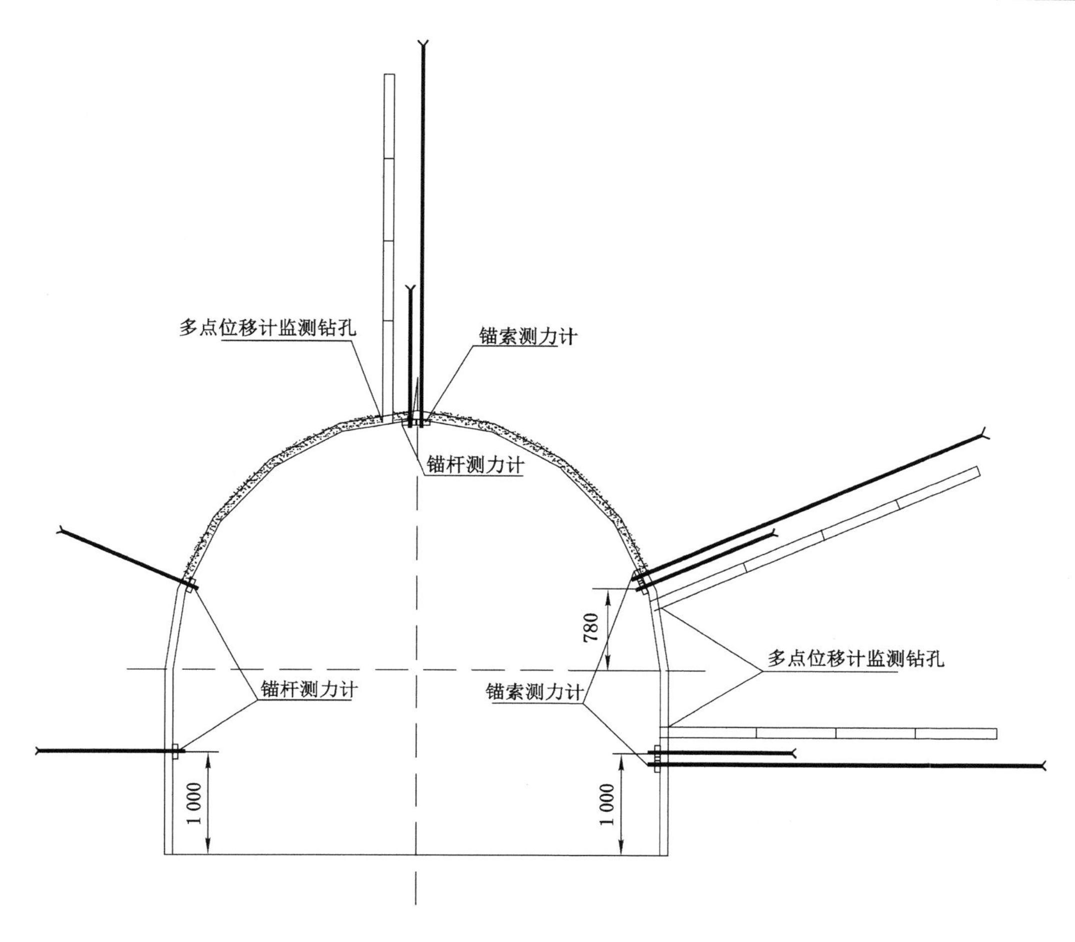

图 7-2　测区监测内容综合示意图

7.1.2　巷道表面位移监测

目前巷道表面位移监测中较常用的方法是十字测量法，本次巷道表面位移监测采用改进的十字测量法。对于每个测区分别在巷道顶部布设一组顶板下沉量监测基点 A、B、C，在巷道底板布设一组底鼓量监测基点 E、F、G、H、I，在巷道两帮布设两帮移近量监测基点 D、J。基点 DJ 的连线为巷道监测基准腰线，分别测量基点 A、B、C 距离基准腰线的距离变化与基点 E、F、G、H、I 距离基准腰线距离的变化，由此分别获得巷道顶板下沉量和巷道底板不同位置处的底鼓量。基点 D 和 J 之间距离为巷道宽度，分别测量基点 D 和 J 到巷道中线 BG 的距离及基点 D、J 之间的距离变化可以得出巷道右帮移近量、左帮移近量和两帮总移近量。两帮基点 D、J 距巷道底板距离设定为 1.2 m，每个巷道表面位移测站具体监测基点布置如图 7-3 所示。

7.1.3　巷道围岩深部多点位移监测

在每个测区布置多个多点位移计，监测巷道顶板、交点处及两帮的围岩深部位移发展规律。根据钻孔电视摄像围岩深部破裂位置及特征探测结果，选用 6 基点的多点位移计，基点位置初步定为 2 m、4 m、5 m、6 m、8 m、10 m，监测点的具体布置如图 7-4 所示；通过对巷道不同位置处的位移监测，得到巷道围岩深部位移发展变化规律。

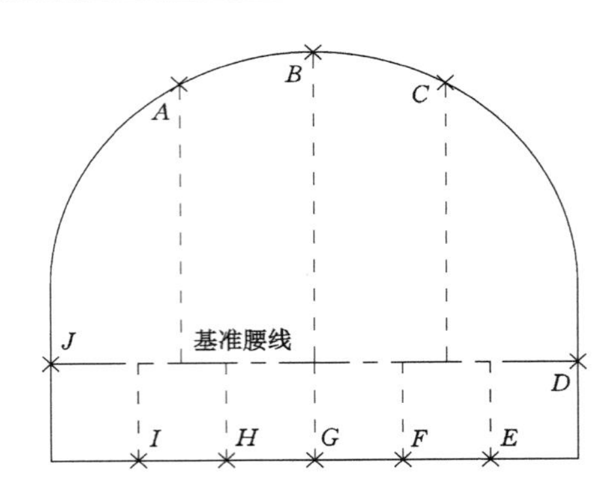

图 7-3　巷道表面位移监测基点布置示意图

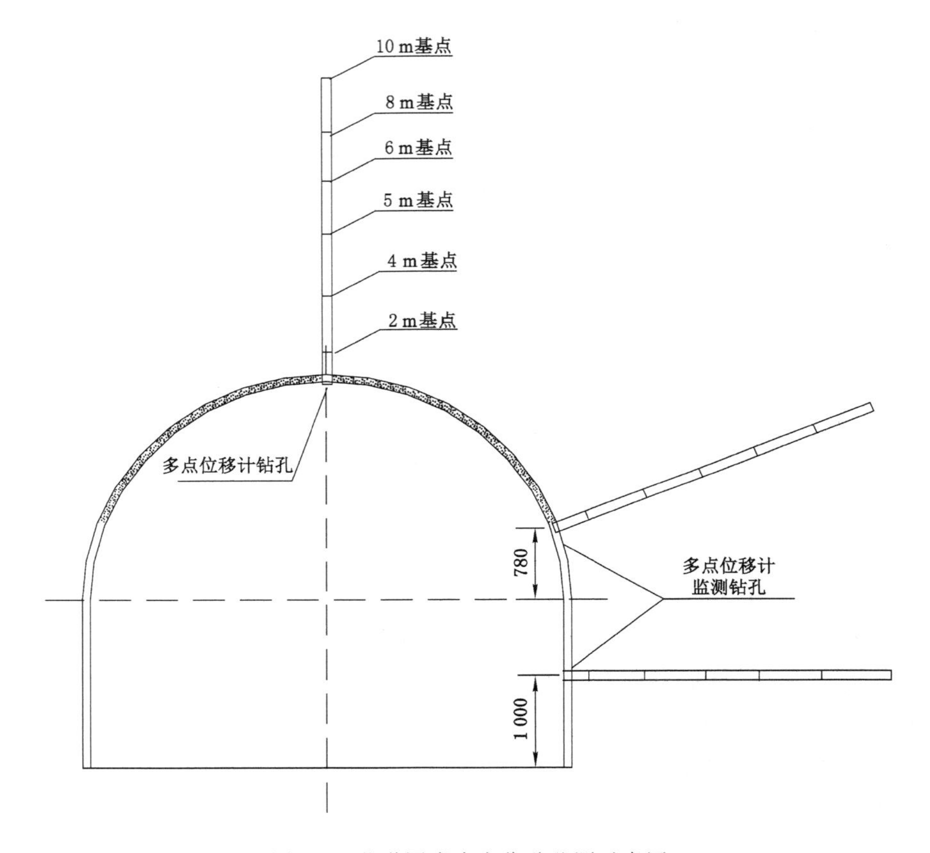

图 7-4　巷道围岩多点位移监测示意图

7.1.4　锚杆(索)支护受力监测

分别在每个测区顶板中央位置、交点位置和两帮位置布设锚杆测力计与锚索测力计，为了更好掌握巷道支护情况和围岩变形规律，初步设定 5 个锚杆测力监测点和 3 个锚索测力监测点，监测巷道周围锚杆锚索受力的变化规律，锚杆、锚索受力监测测点布置如图 7-5 所示。

7.1.5　南翼大巷监测仪器汇总

－650 m 南翼大巷初步布设 5 个测区，所需探测(监)测仪器设备如表 7-1 所列。

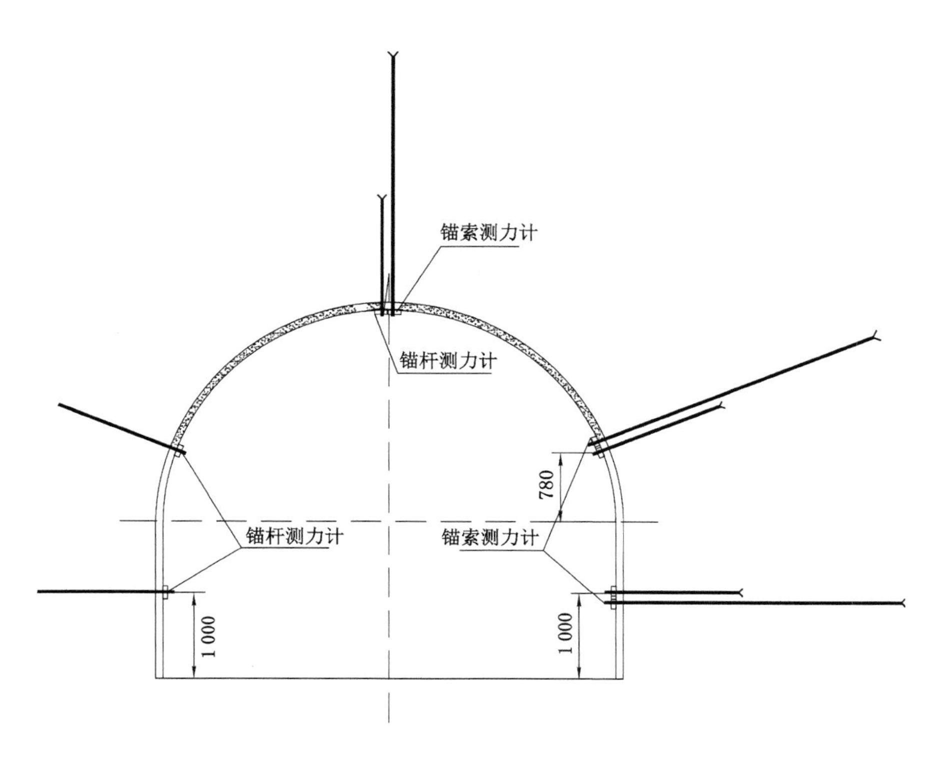

图 7-5 巷道锚杆、锚索受力监测示意图

表 7-1 —650 m 南翼大巷围岩探(监)测所需仪器汇总表

序号	名称	型号	数量	备注
1	锚杆测力计	MJ—40	25	5 个锚杆测力计、3 个锚索测力计、3 个多点位移计备用;
2	锚索测力计	MCJ—60	15	
3	多点位移计(4 基点)	GYW300	15	
4	普通钢卷尺(8 m)	—	2	

7.2 巷道围岩控制效果监测分析

为研究—650 m 南翼大巷围岩支护控制方案和支护参数的控制效果,于 2012 年 8 月到 2012 年 11 月期间在—650 m 南翼回风大巷中布设巷道表面位移监测站、巷道深部围岩离层监测站与锚杆(索)受力监测站,对巷道掘进及修复后的顶板下沉量、底鼓量、两帮移近量及巷道深部围岩离层量进行了跟踪观测,分析获得巷道围岩收敛变形规律。

7.2.1 巷道表面位移监测结果及分析

对新掘段及修复段巷道表面位移进行为期近 3 个月的跟踪监测,监测内容包括顶底板移近量、顶板下沉量、底鼓量、两帮移近量、左帮移近量和右帮移近量,统计分析数据随时间变化规律，揭示巷道围岩控制效果。

－650 m南翼回风大巷新掘段和修复段分别布设了一个巷道表面位移测站，将各监测数据统计整理，如图7-6至图7-11所示。

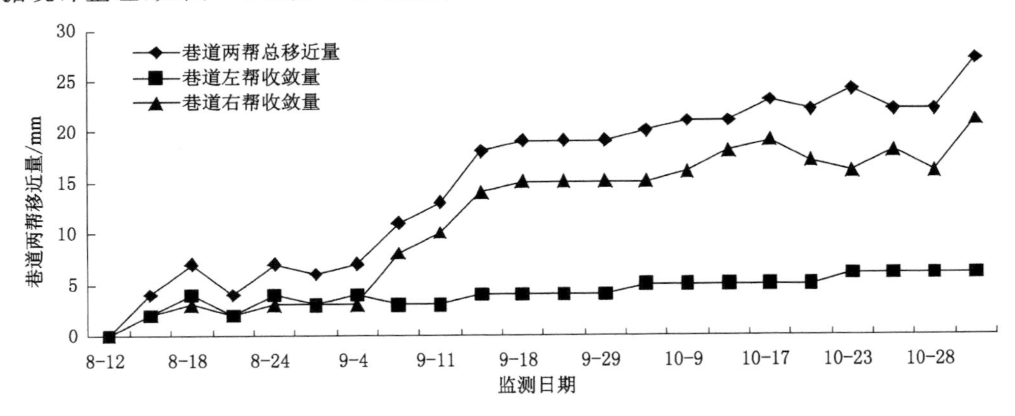

图7-6　新掘段巷道两帮移近量变化曲线

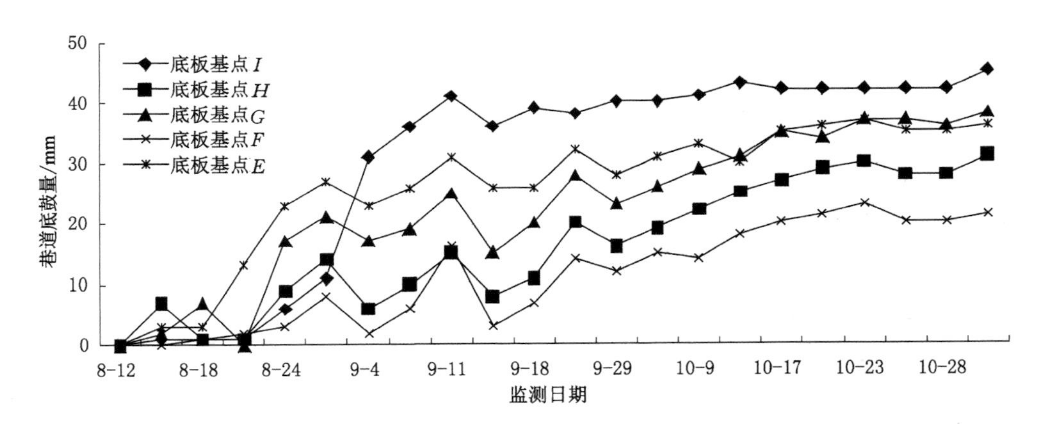

图7-7　新掘段巷道底板鼓起量变化曲线

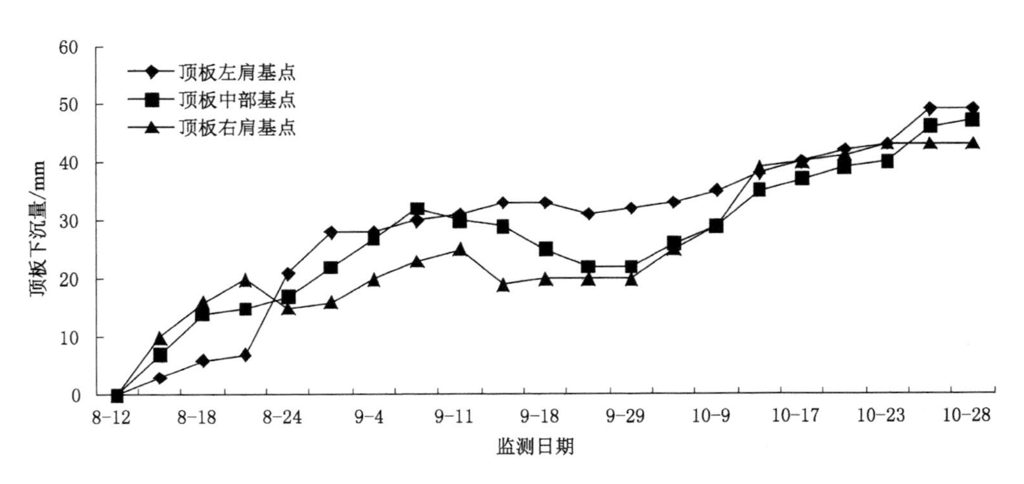

图7-8　新掘段巷道顶板下沉量变化曲线

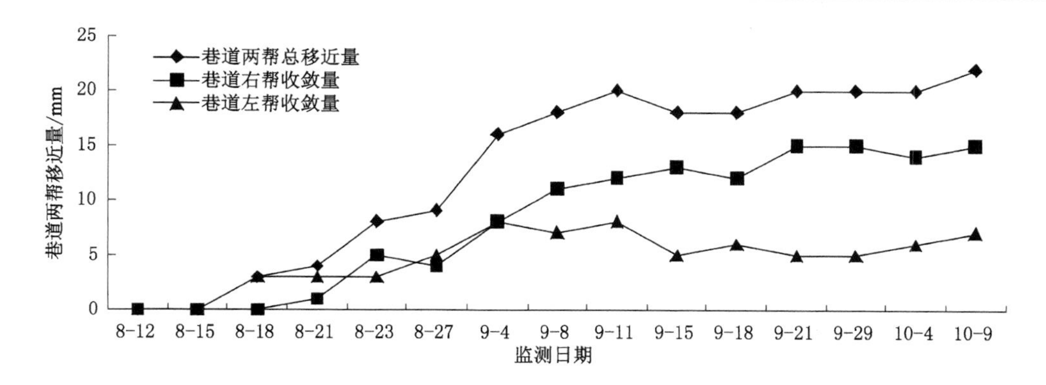

图 7-9 修复段巷道两帮移近量变化曲线

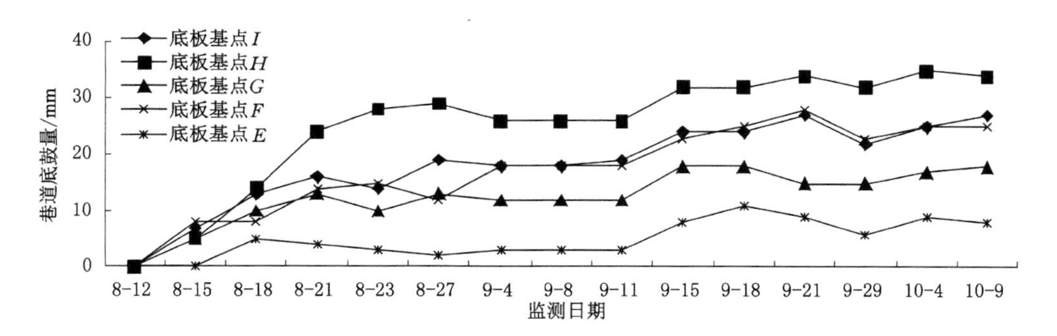

图 7-10 修复段巷道底板鼓起量变化曲线

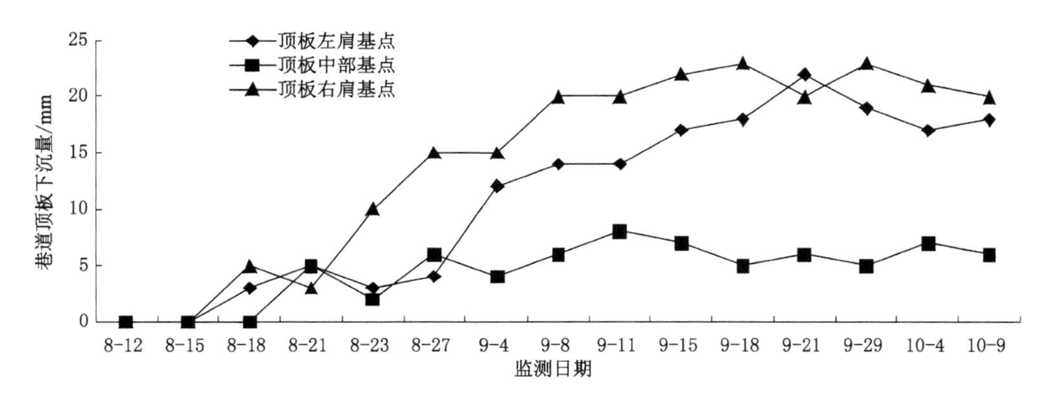

图 7-11 修复段巷道顶板下沉量变化曲线

综合分析图 7-6 至图 7-11 中数据变化可以得出：

(1) −650 m 南翼回风大巷表面位移随时间的推移逐渐增大，并最终趋于稳定。

(2) 由图 7-6 至图 7-8 可以看出，巷道开挖后围岩表面变形可分为变形启动、变形急剧升高、变形趋于稳定三个阶段，其中巷道表面变形启动阶段为巷道开挖后 12 d 内，巷道的围岩变形量和变形速度均较小，巷道两帮移近量为 7 mm，顶板下沉量为 20 mm，底鼓量最大为 23 mm；巷道开挖后的 12～30 d 内为变形急剧升高阶段，此阶段内巷道变形量和变形速度相比变形启动阶段急剧增大，此阶段内巷道两帮移近量为 17 mm，顶板下沉量为32 mm，底鼓量最大为 42 mm;开挖 30 d 后巷道变形进入稳定段,最终巷道两帮总移近量稳定在 22～27 mm,左帮移近量稳定在 6 mm,右帮移近量稳定在 16～21 mm,顶板下沉量稳定在 43～49 mm,底鼓量稳定在 15～4 mm

(3) 由图 7-9 至图 7-11 可以看出,巷道围岩修复加固后,围岩变形速度较慢、变形量较小,巷道修复后的 45 d 内两帮移近速度、底鼓速度及顶板下沉速度均小于 1 mm/d,45 d 后巷道变形趋于稳定,最终巷道两帮总移近量稳定在 20～22 mm,左帮移近量稳定在 7 mm,右帮移近量稳定在 15 mm 左右,顶板下沉量稳定在 20～23 mm,底鼓量稳定在 9～35 mm。

(4) 巷道两帮总移近量明显小于巷道顶底板移近量,巷道围岩变形主要表现为顶板下沉和底鼓;修复段巷道围岩收缩变形量明显较新掘段巷道小。

(5) 由图 7-6 和图 7-9 可以看出,巷道左帮从开始监测到最后稳定移近量较小,而巷道右帮移近量明显比左帮大,这一点与地应力方向对巷道稳定性的分析结果基本相符。

(6) 分析图 7-7 和图 7-10 可以看出,巷道底板从左到右鼓起量是不同的,整体上巷道底鼓变形呈波浪形,靠近巷道两帮和巷道中间位置底鼓量较大,说明巷道底板非完整岩层的整体鼓起,此时巷道较小的底鼓量是由底板软岩的膨胀应力引起,巷道两帮移近造成的底鼓得到了有效的控制;巷道顶板下沉为整体的均匀下沉,顶板 3 个监测基点的下沉量基本相同。

由上述分析可得,新掘段和修复段巷道围岩在监测期间整体变形量均较小,均在允许的变形范围之内,巷道最终趋于稳定时的整体形状没有发生明显变化,巷道围岩变形控制效果较好。

7.2.2 巷道深部围岩多点位移监测结果与分析

为了研究－650 m 南翼大巷深部围岩移动破坏情况,检验巷道围岩变形控制效果,在－650 m南翼回风大巷新掘段和修复段分别布设了一个巷道深部围岩多点位移测站,监测内容为巷道顶板不同深部位移量、左右帮围岩不同深度位移量,并进行了为期 2 个多月的跟踪监测,将各监测数据统计整理,绘制成曲线如图 7-12 至图 7-14 所示。由于修复段巷道围岩收敛量整体较小,观测数据受观测人员自身观测误差影响较大,数据可信度和可参考性较低,此处没有进行统计分析。

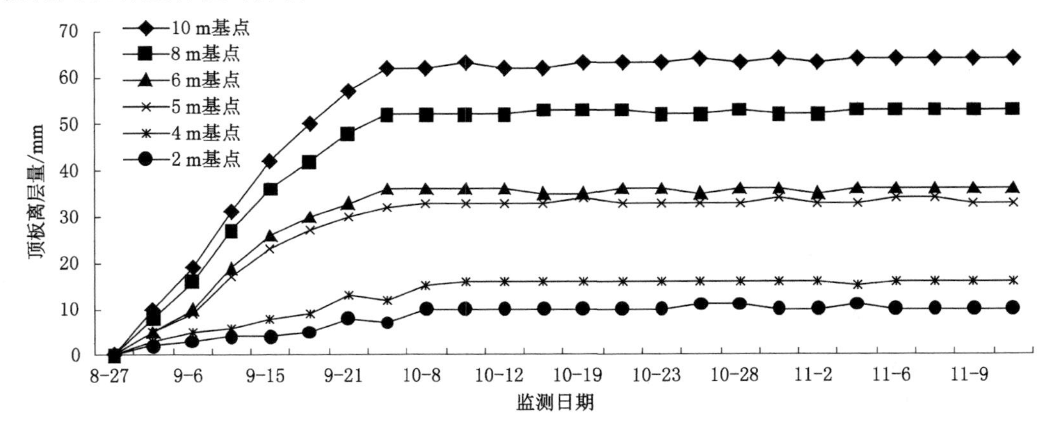

图 7-12 巷道顶板深部围岩位移监测曲线

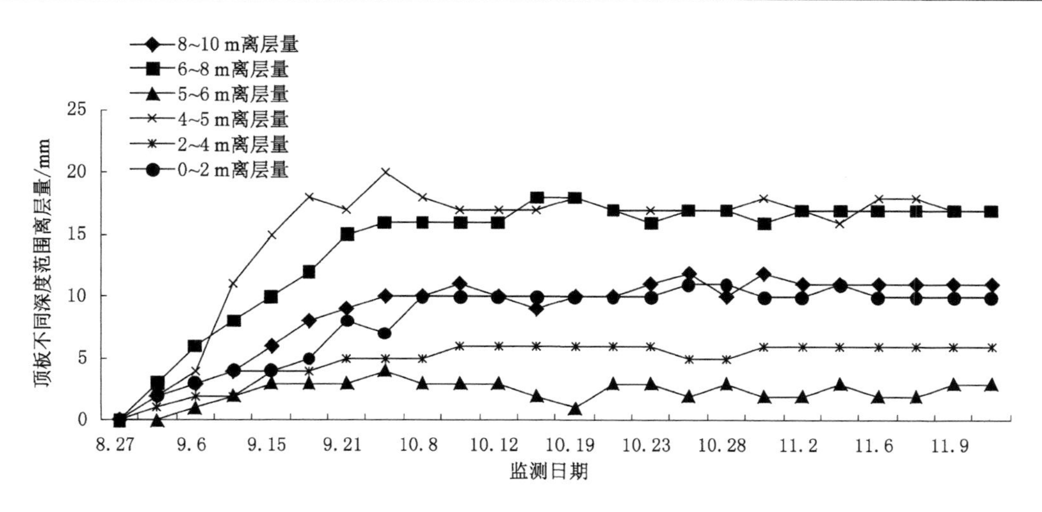

图 7-13 巷道顶板位移分布监测曲线

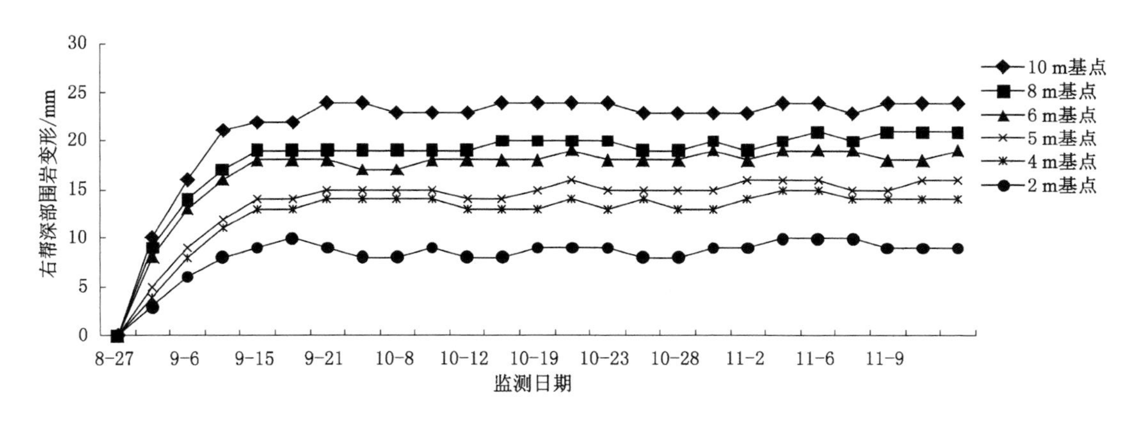

图 7-14 巷道右帮深部围岩位移监测曲线

综合分析图 7-12 至图 7-14 中数据变化可以得出：

（1）－650 m 南翼回风大巷开挖后顶板深部围岩位移和右帮深部围岩位移随时间的推移逐渐增大，并最终趋于稳定。

（2）巷道顶板和右帮深部围岩变形过程可分为加速变形、缓慢变形、趋于稳定三个阶段，巷道开挖后的 2～3 周内为围岩加速变形阶段，此阶段顶板和帮部围岩位移量占总位移量的 80％以上；巷道开挖 1 个月后，进入变形趋于稳定阶段，巷道顶板围岩总位移量最后稳定为 64 mm，巷道右帮围岩总位移量最后稳定为 24 mm。

（3）巷道顶板位移量明显比巷道帮部围岩位移量大。

（4）由图 7-13 可以看出，巷道顶板深部围岩位移主要出现在顶板深部 4～5 m 范围和 6～8 m范围，在这两个范围内顶板岩层变形明显较其他范围明显；其次是巷道浅部 2 m 范围之内，此范围巷道围岩注浆量较大，注浆加固效果较好，没有出现较大变形；顶板深部 8～10 m范围也出现了较小的离层破坏，此范围在巷道支护控制范围边缘，但是由于变形量较小，无须扩大巷道围岩支护控制范围；巷道顶板 2～4 m 和 5～6 m 范围岩层完整性较好，位移量较小。

(5) 由图 7-14 可以看出，巷道右帮深部围岩没有出现变形较明显深度范围，0～10 m 范围内位移量均匀分布，围岩位移量整体较小，最大值仅为 24 mm，远远低于巷道围岩与支护体允许变形值。

由上述分析可知，巷道顶板及帮部深部围岩在监测期间变形量较小，均在巷道围岩与支护体允许变形范围之内，巷道围岩一直处于稳定状态。由此说明巷道采用的锚网索梁喷注联合支护方案能有效地控制巷道深部围岩的变形破坏，围岩深浅结合的注浆方式及时、有效地封堵了围岩开挖时出现的裂隙，增大了围岩—支护体系统的抗变形能力，增加了巷道的稳定性。

7.2.3 巷道锚杆(索)受力监测结果与分析

在－650 m 南翼回风大巷新掘段和修复段分别布设了一个锚杆(索)受力测站，监测内容为巷道锚杆、锚索支护受力情况，并进行了为期 2 个多月的跟踪监测，锚杆(索)测力计与多点位移计同时安装并安装在同一巷道断面内，由于安装位置不当或锚杆失效等原因，导致部分锚杆、锚索测力计不能够正常工作。将部分锚杆、锚索受力监测数据统计整理，绘制成曲线如图 7-15 至图 7-18 所示。

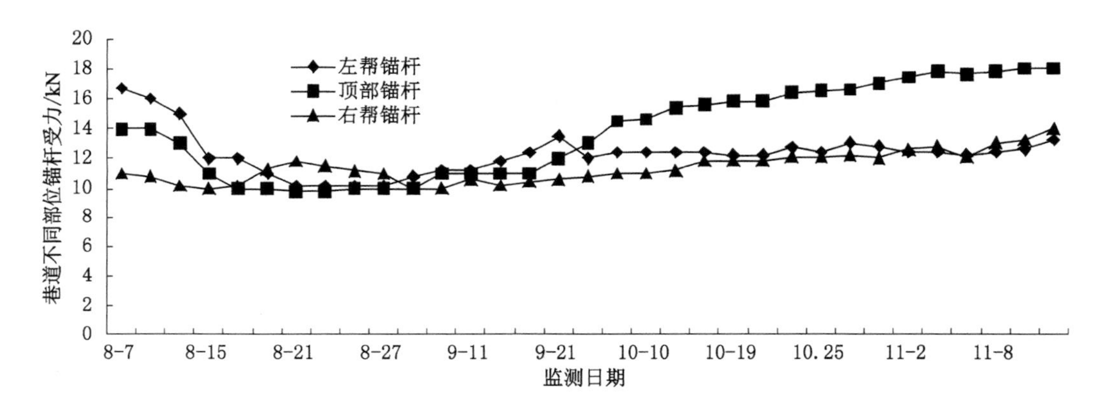

图 7-15 新掘段巷道锚杆受力监测曲线

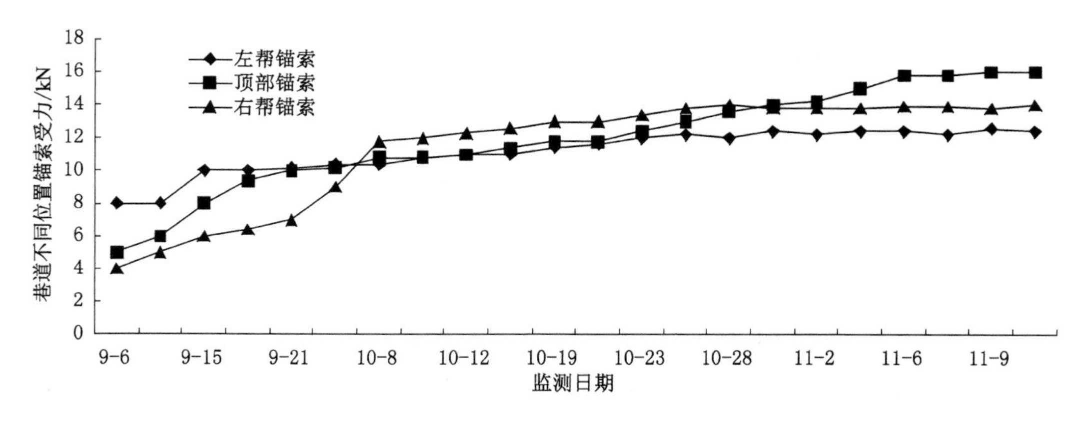

图 7-16 新掘段巷道锚索受力监测曲线

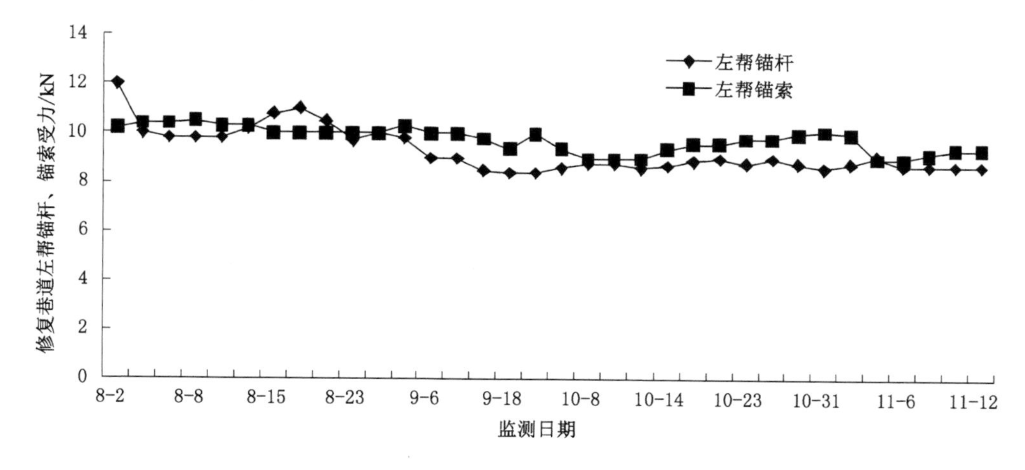

图 7-17　修复段巷道左帮锚杆、锚索受力监测曲线

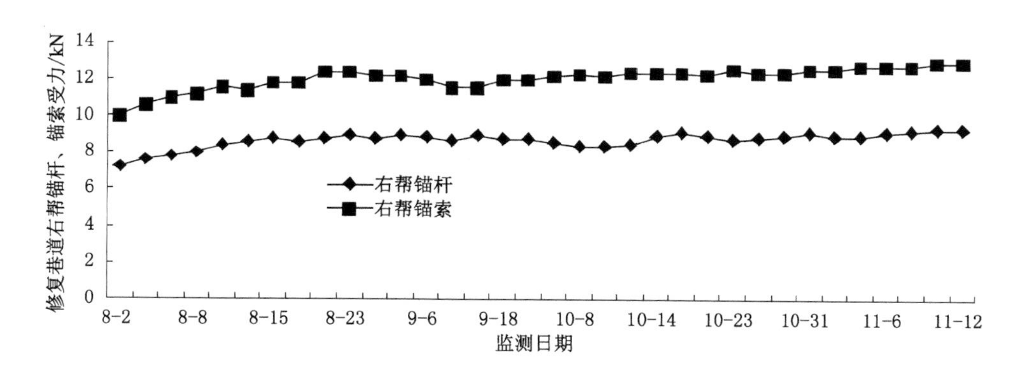

图 7-18　修复段巷道右帮锚杆、锚索受力监测曲线

综合分析图 7-15 至图 7-18 中数据变化可以得出：

(1) －650 m 南翼回风大巷开挖后(修复后)巷道锚杆、锚索受力随时间的推移出现缓慢增大，并最终趋于稳定。

(2) 由图 7-15 可知，锚杆受力在巷道开挖前期出现较小的波动，可能与围岩应力二次分布和注浆加固有关，随时间推移锚杆受力逐渐趋于平衡，其中帮部锚杆受力最终稳定为 12 MPa，且帮部锚杆受力从始至终没有出现较大的增长，分析原因为巷道围岩浅部全断面注浆及时，有效地控制了巷道围岩在开挖前期的大变形，使巷道围岩快速进入了稳定阶段；顶部锚杆受力有在监测后期有缓慢增长的趋势，这与巷道顶板下沉运动有关，但锚杆受力增长速度较慢，可以认为巷道围岩达到稳定状态。

(3) 由图 7-16 可知，巷道顶部和右帮锚索受力随巷道开挖时间的推移逐渐增大，右帮锚索在巷道开挖一个月后开始进入稳定阶段，而顶板锚索受力在巷道开挖近 2 个月后才逐渐趋于稳定，顶部和右帮锚索受力最终分别稳定在 16 MPa 和 14 MPa；巷道左帮锚索受力从监测初期到监测工作结束没有出现较明显增长，最终锚索受力稳定在 12 MPa 左右。

(4) 由图 7-17 和图 7-18 可知，修复段巷道帮部锚杆、锚索受力始终没有出现较明显增长，巷道修复后 14 d 内锚杆、锚索受力有较缓慢增加，14 d 后巷道围岩变形就进入稳定阶段;进入稳定阶段后左帮锚杆、锚索受力没有出现增长,而是出现了轻微的减小,相比左帮,右帮锚杆、锚索受力一直有缓慢的增加,但增加的幅度较小。

综上分析可知,巷道锚杆、锚索受力均较小,说明巷道围岩从开挖到稳定没有出现较大变形,在现行支护方案下巷道围岩能快速进入稳定阶段,并能较好的维持巷道围岩的稳定状态;巷道左帮锚杆、锚索受力较顶板和右帮均未出现较明显增长,说明巷道左帮变形较巷道顶板和右帮小,这一点与地应力方向对巷道围岩变形破坏的影响分析结果基本相符。

7.2.4 巷道围岩控制效果的整体分析

巷道在监测期间整体变形量较小,特别是巷道底鼓得到了相对有效的控制。巷道顶板、两帮和底板变形量均在巷道围岩与支护体允许变形范围之内,说明巷道采用的锚网索梁喷注联合支护方案能有效控制巷道围岩的变形破坏,围岩深浅耦合的注浆方式及时、有效地封堵了围岩开挖时出现的裂隙,增大了围岩—支护体系统的抗变形能力,增加了巷道的稳定性;底板超挖锚注回填加固方案虽然在施工工艺上比较复杂,但取得了良好的底鼓控制效果,避免了反复起底对巷道围岩稳定性造成的种种不利影响,节省了大量的人力、物力和财力。总之,巷道围岩变形整体控制效果良好,如图 7-19 所示。

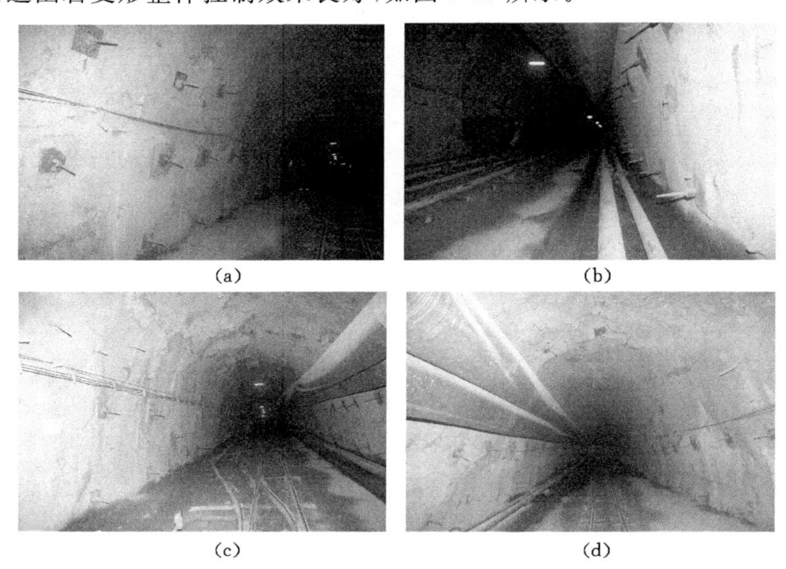

(a) (b) (c) (d)

图 7-19 －650 水平南翼回风大巷围岩变形整体控制效果

(a) 左帮控制效果;(b) 右帮控制效果;(c) 巷道围岩整体控制效果;(d) 巷道底鼓控制效果

7.3 本章小结

为研究－650 m 南翼大巷围岩支护控制方案和支护参数的实际控制效果,在南翼回风大巷布设了多个巷道表面位移测站、深部围岩多点位移监测站与锚杆(索)受力监测站,对围岩变形进行了现场跟踪监测,并对现场跟踪监测数据进行了统计处理和对比分析,结果表明巷道围岩没有发生较明显变形,巷道围岩变形得到了有效的控制。

为研究－650 m 南翼软岩穿层大巷围岩控制技术的控制效果,了解支护参数的合理性,在南翼回风大巷布设了多个测点，对围岩变形进行了现场跟踪监测，并对现场跟踪监测数据进行了统计处理和对比分析，结果表明巷道围岩没有发生较明显变形，取得了良好的控制效果，主要结论有：

(1) 巷道围岩变形可分为变形启动、变形急剧升高、变形趋于稳定三个阶段，其中巷道表面变形启动阶段为巷道开挖后 12 d 内，巷道的围岩变形量和变形速度均较小；巷道开挖后的 12～30 d 内为变形急剧升高阶段，此阶段内巷道变形量和变形速度相比变形启动阶段急剧增大；开挖 30 d 后巷道变形进入稳定段，巷道围岩变形趋于稳定。

(2) 巷道两帮总移近量明显小于巷道顶底板移近量，巷道底板从左到右鼓起量是不同的，整体上巷道底鼓变形呈波浪形，分析认为巷道底板非完整岩层的整体鼓起，而是由底板软岩的膨胀应力引起，巷道两帮移近造成的大底鼓现象得到了有效的控制。

(3) 巷道顶板深部围岩位移主要出现在顶板深部 4～5 m 范围和 6～8 m 范围，其次是巷道浅部 2 m 范围之内，此范围巷道围岩注浆量较大，注浆加固效果较好，没有出现较大变形；顶板深部 8～10 m 范围也出现了较小的离层破坏，但变形量较小；巷道两帮深部围岩无较明显变形深度范围，变形量整体较小。

(4) 巷道锚杆、锚索受力监测期间没有出现显著的增大，受力值始终较小。无论在巷道新掘段还是修复段巷道围岩从开挖到稳定没有出现较大变形，在该支护控制方案下巷道围岩能快速进入稳定阶段，并能较好地维持巷道围岩的稳定状态。

8 主要结论

本书综合运用实验室试验、理论分析、数值模拟和现场实测等方法，研究了大断面软岩巷道围岩的力学特征、应力分布、变形破坏特征机理、控制机理和技术，主要结论如下：

(1) 采用钻孔电视探测南翼大巷围岩性质及掘进迎头顶部和帮部围岩在巷道开挖后变形破坏速度、破坏的特征。针对大断面软岩巷道的变性破坏特点以及各种支护体系的工作机理，分析大断面软岩巷道破坏机理和加固机理。

(2) 通过分析工程地质资料、室内试验等，揭示了复合型软岩具有节理化软岩、膨胀性软岩和高应力软岩的组合特性。

(3) 基于两端固支梁理论和结构力学无铰拱理论，分别构建底板、顶帮围岩所受非均布荷载力学模型，分析研究了复杂软岩穿层大巷失稳破坏及控制机理，巷道顶底板发生屈曲变形破坏后，二向应力状态下巷道两帮岩体出现较大程度的应力集中，岩体中大量的原生节理裂隙在集中应力作用下扩展、贯通，形成破碎带—裂隙带交替出现的围岩结构，破碎带围岩失去承载能力，支承压力向裂隙带和更深处的完整区转移，在支承压力作用下完整区向裂隙带发展，裂隙带向破碎带发展，直至稳定。

(4) 通过 FLAC3D 模拟，对比研究了单行、双巷、三条大巷同时掘进三种不同掘进方案下巷道顶底板、两帮移近量大小；巷道开挖后，围岩破坏先是从几个部位破坏(把这些部位称为关键部位)开始，然后发展到整个巷道失稳破坏，巷道围岩垂直位移最大值出现在巷道底板及顶板靠近巷道中线部位，水平位移最大值出现在帮部靠近两隅角处，成为巷道变形破坏的关键部位；模拟研究还得出了当穿层巷道处于力学性质相差较大的两岩层交汇区域时，巷道围岩的变形量较大，此时应当加强软弱层方向的支护。

(5) 通过对巷道底鼓不同治理方案的模拟对比分析，选择确定了“超挖回填”方案，实现对巷道底鼓的控制；采用数值模拟对南翼回风大巷顶板和两帮的支护参数进行优化，确定南翼大巷围岩应采用锚杆、长锚索加围岩注浆联合支护控制方式；注浆采用注浆管+注浆锚索的深、浅耦合注浆方式实现巷道全断面封闭式注浆，以改善巷道围岩岩性，提高围岩承载能力，进一步优化巷道围岩的“锚网索喷注”围岩整体支护技术和“超挖锚注回填”的底鼓防治技术。

(6) 基于锚杆、长锚索加围岩全断面封闭式深浅耦合注浆的“锚网索喷注”+“超挖锚注回填”围岩控制技术是一种可靠高效的支护技术体系。该支护控制体系能够提高巷道围岩—支护的承载能力和稳定性，控制巷道底鼓，避免反复起底、扩帮对巷道围岩稳定性造成的种种不利影响，为矿井的高产高效提供了保障。

(7) 在南翼大巷进行了巷道控制技术的工业性试验。对围岩结构进行了跟踪监测，结果表明：巷道围岩变形可分为变形启动(≤12 d)、变形急剧升高(12～30 d)、变形趋于稳定(≥30 d)三个阶段，巷道两帮总移近量稳定在 20～22 mm，顶板下沉量稳定在 20～23 mm，底鼓量稳定在 9～35 mm,顶板深部围岩总位移量稳定为 64 mm,右帮深部围岩总位移量最后稳定为 24 mm,巷道锚杆、锚索受力监测期间没有出现明显的增大。在该支护控制方案下巷道围岩能快速进入稳定阶段,并能较好地维持巷道围岩的稳定状态,进而验证了支护控制体系的正确性和科学性。

参 考 文 献

[1] 何满潮. 深部软岩工程的研究进展与挑战[J]. 煤炭学报,2014,39(8):1409-1417.
[2] 刘开云,薛永涛,周辉. 参数非定常的软岩非线性黏弹塑性蠕变模型[J]. 中国矿业大学学报,2018,47(04):921-928.
[3] 刘镇,周翠英,陆仪启,等. 软岩水—力耦合的流变损伤多尺度力学试验系统的研制[J]. 岩土力学,2018(08):101-105.
[4] 吴道祥,刘宏杰,王国强. 红层软岩崩解性室内试验研究[J]. 岩石力学与工程学报,2010,29(S2):4173-4179.
[5] 周翠英,李拔通,张鑫海,等. 基于重整化群方法的红层软岩损伤破坏逾渗阈值研究[J]. 工程地质学报,2015,23(05):965-970.
[6] 周翠英,李伟科,向中明,等. 水—应力作用下软岩细观结构摩擦接触分析[J]. 岩土力学,2015,36(09):2458-2466.
[7] 李亚生,周翠英,张惠明. 考虑施工及软土地基固结过程的填土岸坡稳定性分析方法[J]. 水电能源科学,2011,29(10):67-70.
[8] 单仁亮,郑赟,魏龙飞. 粉质黏土深基坑土钉墙支护作用机理模型试验研究[J]. 岩土工程学报,2016,38(07):1175-1180.
[9] 王之东,浑宝炬,刘建庄,等. 泥质软岩巷道围岩成分微观分析[J]. 河北联合大学学报(自然科学版),2014,36(04):1-7.
[10] 黄强,黄宏伟,张锋,等. 饱和软土层地铁列车运行引起的环境振动研究[J]. 岩土力学,2015,36(S1):563-567.
[11] 王振. 原煤渗透率影响因素的实验研究[J]. 煤矿安全,2011,42(12):4-6.
[12] 杨成祥,宋磊博,王刚,等. CT 实时观察下泥岩遇水软化过程的机理[J]. 东北大学学报(自然科学版),2015,36(10):1461-1465.
[13] 钱自卫,姜振泉,曹丽文,等. 弱胶结孔隙介质渗透注浆模型试验研究[J]. 岩土力学,2013,34(01):139-142+147.
[14] 苏永华,赵明华,刘晓明. 软岩膨胀崩解试验及分形机理[J]. 岩土力学,2005(05):728-732.
[15] 王来贵,赵娜,何峰,等. 岩石蠕变损伤模型及其稳定性分析[J]. 煤炭学报,2009,34(01):64-68.
[16] 陆银龙,王连国. 基于微裂纹演化的岩石蠕变损伤与破裂过程的数值模拟[J]. 煤炭学报,2015,40(06):1276-1283.
[17] 杨志强,高谦,王永前,陈得信,把多恒. 金川全尾砂—棒磨砂混合充填料胶砂强度与料浆流变特性研究[J]. 岩石力学与工程学报,2014,33(S2):3985-3991.

[18] 李海波,冯海鹏,刘博.不同剪切速率下岩石节理的强度特性研究[J].岩石力学与工程学报,2006(12):2435-2440.

[19] 范秋雁,张波,李先.不同膨胀状态下膨胀岩剪切蠕变试验研究[J].岩石力学与工程学报,2016,35(S2):3734-3746.

[20] 闫小波.软岩各向异性渗透特征及力学特征的试验研究[D].上海:同济大学,2007.

[21] 邓华锋,原先凡,李建林,等.软岩三轴加—卸载试验的破坏特征及抗压强度取值方法研究[J].岩土力学,2014,35(04):959-964+971.

[22] 范庆忠,高延法.软岩蠕变特性及非线性模型研究[J].岩石力学与工程学报,2007(02):391-396.

[23] 王宇,李晓.土石混合体损伤开裂计算细观力学探讨[J].岩石力学与工程学报,2014,33(S2):4020-4031.

[24] 陈卫忠,龚哲,于洪丹,等.黏土岩温度—渗流—应力耦合特性试验与本构模型研究进展[J].岩土力学,2015,36(05):1217-1238.

[25] 郭富利,张顶立,苏洁,等.围压和地下水对软岩残余强度及峰后体积变化影响的试验研究[J].岩石力学与工程学报,2009,28(S1):2644-2650.

[26] 杨旭,苏定立,周斌,等.红层软岩模型试验相似材料的配比试验研究[J].岩土力学,2016,37(08):2231-2237.

[27] 杨旭,周翠英,刘镇,等.华南典型巨厚层红层软岩边坡降雨失稳的模型试验研究[J].岩石力学与工程学报,2016,35(03):549-557.

[28] 邱恩喜,康景文,郑立宁,等.成都地区含膏红层软岩溶蚀特性研究[J].岩土力学,2015,36(S2):274-280.

[29] 吴道祥,刘宏杰,王国强.红层软岩崩解性室内试验研究[J].岩石力学与工程学报,2010,29(S2):4173-4179.

[30] KE ZHANG, PING CAO, RUI BAO. Progressive failure analysis of slope with strain-softening behaviour based on strength reduction method[J]. Journal of Zhejiang University-Science A(Applied Physics & Engineering), 2013, 14(02): 101-109.

[31] 孟庆彬,韩立军,乔卫国,等.深部软岩巷道锚注支护机理数值模拟研究[J].采矿与安全工程学报,2016,33(01): 27-34.

[32] LI S P, HOU W G, XIAO J C, et al. Influence of measuring conditions on the thixotropy of hydrotalcite-like/montmorillonite suspension[J]. Colloids and Surfaces A: Physicochemical and Engineering Aspects, 2003, 224(1): 55-62.

[33] CHENG L, LIU Y-R, PAN Y-W, et al. Effective stress law for rock masses and its application in impoundment analysis based on deformation reinforcement theory[J]. Journal of Central South University, 2018, 25 (1): 78-82.

[34] CASTELLANZA R, CROSTA G B, FRATTINI P, et al. Modelling of a rapidly evolving rockslide: The Mt. de la Saxe case study, IOP Conference Series[J]. Earth and Environmental Science, 2015, 26 (1): 13-18.

[35] ZDENEK P, JAN S, JIRI P. Boundary conditions and constraint equations for simu-

lation of energy exchange[J]. Applied Mechanics and Materials, 2013: 315.

[36] 张峰，祝金鹏，李术才，等. 海水侵蚀环境下混凝土力学性能退化模型[J]. 岩土力学，2010，31(05):1469-1474.

[37] TUONG LAM NGUYEN, STEPHEN A. Hall, Pierre Vacher, Gioacchino Viggiani. Fracture mechanisms in soft rock: Identification and quantification of evolving displacement discontinuities by extended digital image correlation[J]. Tectonophysics, 2010, 503(1):56-62.

[38] AGUSTAWIJAYA D S. The Uniaxial Compressive Strength of Soft Rock[J]. Civil Engineering Dimension, 2007, 9(1):67-81.

[39] OKADA, SAITO. Simulation of unidirectional solidification with a tilted crystalline axis. [J]. Physical review. E, Statistical physics, plasmas, fluids, and related interdisciplinary topics, 1996, 54(1):80-91.

[40] ELLI-MARIA CHARALAMPIDOU, STEPHEN A. Hall, Sergei Stanchits, Gioacchino Viggiani, Helen Lewis. Shear-enhanced compaction band identification at the laboratory scale using acoustic and full-field methods[J]. International Journal of Rock Mechanics and Mining Sciences, 2014, 67:105-120.

[41] SIDDIQUEE M S A, TADATSUGU TANAKA, FUMIO TATSUOKA. Numerical Simulation of Shear Band Formation in Plane Strain Compression Tests on Sand[J]. Rural and Environment Engineering, 2010, 2001(41):60-72.

[42] MUÑOZ J, GALLEGO M, VALCÁRCEL M. Speciation analysis of mercury and tin compounds in water and sediments by gas chromatography-mass spectrometry following preconcentration on C 60 fullerene[J]. Analytica Chimica Acta, 2005, 548(1):159-162.

[43] QUIRION M, TOURNIER J-P，方震. 加拿大魁北克水电站项目中结晶岩的水压致裂试验[J]. 国际地震动态，2011(01):83-90.

[44] 孙晓明，陈峰，梁广峰，等. 防膨胀软岩注浆材料试验及应用研究[J]. 岩石力学与工程学报，2017，36(02):457-465.

[45] 柴肇云，康天合，李义宝. 物化型软岩微结构单元特征及其胀缩性研究[J]. 岩石力学与工程学报，2006(06):1265-1269.

[46] 苏永华，赵明华，刘晓明. 软岩膨胀崩解试验及分形机理[J]. 岩土力学，2005(05):728-732.

[47] 孙小明，武雄，何满潮，等. 强膨胀性软岩的判别与分级标准[J]. 岩石力学与工程学报，2005(01):128-132.

[48] 齐伟，贾志远，肖裕行. 软岩扩容及物化膨胀联合作用的研究[J]. 水文地质工程地质，1994(06):1-3.

[49] 傅学敏，潘清莲. 软岩的膨胀规律和膨胀机理[J]. 煤炭学报，1990(02):31-38.

[50] 邝泽良. 单轴压缩条件下砂岩蠕变变形时效性与声发射特性研究[D]. 赣州：江西理工大学，2017.

[51] 姜德义，范金洋，陈结，等. 应力因素下的岩盐卸荷扩容试验研究[J]. 岩土力学，2013，

34(S1):41-46.
[52] 侯文诗,李守定,李晓,等.岩石扩容起始特性与峰值特性的比较[J].岩土工程学报,2013,35(08):1478-1485.
[53] 马士进.软岩巷道围岩扩容软化变形分析及模拟计算[D].阜新:辽宁工程技术大学,2002.
[54] 余庆锋.绢云母软质片岩隧道施工期围岩变形特征及支护技术研究[D].北京:中国地质大学,2016.
[55] 白皓,王武斌,廖知勇,等.软岩陡坡椅式桩支挡结构受力变形模型试验研究[J].岩土力学,2015,36(S2):221-228.
[56] 苑伟娜,李晓,赫建明,等.土石混合体变形破坏结构效应的CT试验研究[J].岩石力学与工程学报,2013,32(S2):3134-3140.
[57] 文颖文,刘松玉,胡明亮,等.地下增层工程中既有结构变形控制技术研究[J].岩土工程学报,2013,35(10):1914-1921.
[58] 张凤杰.深部软岩巷道支护围岩结构特征与控制机理[D].淮南:安徽理工大学,2013.
[59] 胡文涛.极高地应力软岩挤压变形特征及支护结构工作性态分析[J].国防交通工程与技术,2012,10(04):20-23,15.
[60] 齐明山.大变形软岩流变性态及其在隧道工程结构中的应用研究[D].上海:同济大学,2006.
[61] 邵淑成.下分层综采工作面围岩结构特征与巷道布置研究[D].上海:安徽理工大学,2017.
[62] 郝育喜.乌东近直立煤层组冲击地压及恒阻大变形防冲支护研究[D].北京:中国矿业大学(北京),2016.
[63] 杨英明.动力扰动下深部高应力煤体冲击失稳机理及防治技术研究[D].北京:中国矿业大学(北京),2016.
[64] 程志恒,齐庆新,李宏艳,等.近距离煤层群叠加开采采动应力-裂隙动态演化特征实验研究[J].煤炭学报,2016,41(02):367-375.
[65] 谢广祥,王磊.采场围岩应力壳力学特征的岩性效应[J].煤炭学报,2013,38(01):44-49.
[66] 詹平.高应力破碎围岩巷道控制机理及技术研究[D].北京:中国矿业大学(北京),2012.
[67] 姜鹏飞,康红普,张剑,等.近距煤层群开采在不同宽度煤柱中的传力机制[J].采矿与安全工程学报,2011,28(03):345-349.
[68] 李明田,李术才,张敦福,等.类岩石材料表面裂纹复合型断裂准则探讨[J].岩石力学与工程学报,2011,30(S1):3326-3333.
[69] 唐巨鹏,潘一山,李忠华,等.大台井俯伪斜分段密集采煤法数值模拟研究[J].煤炭学报,2003(05):496-499.
[70] 郭健卿.软岩控制理论与应用[M].北京:冶金工业出版社,2011:31-32.
[71] 张虎伟.软岩巷道联合支护设计及三维数值模拟研究[D].阜新:辽宁工程技术大学,2012.

[72] 杨永亮,孔祥义,王君烨.软岩巷道支护技术研究与应用[J].煤炭技术,2009.28(2):154-156.
[73] 刘玉卫.高应力-膨胀型软岩巷道变形破坏机理与支护研究[D].西安:西安科技大学,2009.
[74] 王进锋.高应力软岩回采巷道锚杆(索)耦合支护技术研究[D].西安:西安科技大学,2008.
[75] 郝朋伟.高应力软岩巷道锚杆支护的数值模拟[D].淮南:安徽理工大学,2006.
[76] 刘东才.铁法局锚杆支护力学研究与实践[D].阜新:辽宁工程技术大学,2001.
[77] 杨宇.吴四圪堵煤矿回采巷道交岔点锚网索支护研究与应用[D].阜新:辽宁工程技术大学,2009.
[78] 王寅,秦忠诚.深井穿层巷道支护数值模拟分析[J].西安科技大学学报,2012,32(7):415-419.
[79] 何晓君,吴建虎.深井厚煤层“三硬”围岩巷道应力分布规律及数值模拟分析[J].现代矿业,2013,525(1):14-17.
[80] 郭子源.深部高应力软岩巷道开挖与支护围岩变形的FLAC3D模拟[J].矿冶工程,2015,32(5):17-22.
[81] 叶昀,蒋仲安.西石门铁矿深部巷道支护参数的优化设计[J].矿业工程,2014,12(2):43-46.
[82] 张颖松.采矿巷道围岩变形机制数值模拟研究[J].黑龙江科技信息,2013,30(3):100.
[83] 许广.深部煤巷围岩变形与控制机理的数值模拟分析[J].煤炭工程,2013(5):93-96.
[84] 王同旭.软岩动压巷道围岩压力与控制的研究[D].北京:中国矿业大学(北京),1996.
[85] 苏斌.深部综放沿空巷道围岩控制技术[J].中州煤炭,2014,218(02):1-3.
[86] 叶平.清水营煤矿软岩巷道锚注支护技术研究[D].西安:西安科技大学,2012.
[87] 段宏飞.煤矿底板采动变形及带压开采突水评判方法研究[D].北京:中国矿业大学(北京),2012.
[88] 刘银根.深部软岩巷道控制力学对策[C].全国煤矿千米深井开采技术.[s.l.]:[s.n.],2013.
[89] 王连国,李明远,王学知.深部高应力极软岩巷道锚注支护技术研究[J].岩石力学与工程学报,2005,24(16):2889-2893.
[90] 许兴亮,张农,徐基根,等.高地应力破碎软岩巷道过程控制原理与实践[J].采矿与安全工程学报,2007,24(01):51-56.
[91] 李睿,乔卫国,等.软岩巷道变形破坏机理分析与支护对策研究[J].煤炭工程,2012(02):69-72.
[92] 严石,陈建本.复杂条件下巷道围岩控制机理及支护技术[J].煤矿安全,2013,44(03):71-74.
[93] 于学馥,等.轴变论和围岩稳定轴比三规律[J].有色金属,1981,33(3):8-15.
[94] 陈晓祥.下石节矿风井软岩支护技术研究[J].矿山压力与顶板管理,2003,16(2):16-17.
[95] 王玉生.软岩巷道的支护设计与施工探讨[J].煤炭工程,2008(4):30-31.

[96] 郑雨天.关于软岩巷道地压与支护的基本观点[C].软岩巷道掘进与支护论文集[s.l.]:[s.n.],1985:22-24.
[97] 董方庭.巷道围岩松动圈支护理论[J].煤炭学报,1994(1):20-31.
[98] 何满潮,李国峰,王炯.兴安矿深部软岩巷道大面积高冒落支护设计研究[J].岩石力学与工程学报,2007,26(5):959-964.
[99] 何满潮.深部软岩工程的研究进展与挑战[J].煤炭学报,2014,39(8):1409-1417.
[100] 康红普.煤矿预应力锚杆支护技术的发展与应用[J].煤矿开采,2011,16(3):25-31.
[101] 陈庆敏,金太,郭颂.锚杆支护的"刚性"梁理论及其应用[J].矿山压力与顶板管理,2000(01):2-5.
[102] 马元,靖洪文,陈玉桦.动压巷道围岩破坏机理及支护的数值模拟[J].采矿与安全工程学报,2007,24(01):109-113.
[103] 杨永刚,张海燕,解盘石.复杂围岩环境下大断面巷道支护系统研究与实践[J].采矿与安全工程学报,2009,26(03):109-113.
[104] 张国锋,于世波,李国峰,等.巨厚煤层三软回采巷道恒阻让压互补支护研究[J].岩石力学与工程学报,2011,30(08):1619-1626.
[105] 郭颂.美国煤巷锚杆支护技术概况[J].煤炭科学技术,1998,26(04):50-54.
[106] 戴俊,郭相参.煤矿巷道锚杆支护的参数优化[J].岩土力学,2009,30(增):140-143.
[107] 马念杰,詹平,郭书英.顶板中软弱夹层对巷道稳定性影响研究[J].矿业工程研究,2009,24(02):1-4.
[108] ZHAN PING, MA NIANJIE, GUO SHUYING, et al. Research on Reinforced Technology of the Return Air Uphill of Fully Mechanized Cross Mining [J]. Society for Resources, Environment and Engineering, 2010(5):113-122.
[109] 康红普.煤矿巷道预应力锚索支护技术及应用[J].煤矿支护,2014(3):10-14.
[110] 詹平.高应力破碎围岩巷道控制机理及技术研究[D].徐州:中国矿业大学,2012.
[111] 李大伟.深井软岩巷道二次支护围岩稳定原理与控制研究[D].徐州:中国矿业大学,2006.
[112] 何思明,李新坡.预应力锚杆作用机制研究[J].岩石力学与工程学报,2006,25(09):1876-1880.
[113] 姚振华.全长粘结锚杆作用机理研究[J].湖南交通科技.2007,33(01):126-130.
[114] 朱浮声,郑雨天.全长粘结式锚杆的加固作用分析[J].岩石力学与工程学报,1996,15(04),333-337.
[115] LADANYI B. Use of the long-term strength concept in the determination of ground pressure on tunnel lining [J]. In: Proc. 3rd Congr. Int. Soc. Rock Mechanics. 1974, 2B: 1150-1156.
[116] BROWN E T, et al. Characteristic line calculations for rock tunnels [J]. Geotech. Eng., Div. Am. Soc. Civ. Eng. 1983, 29: 15-39.
[117] INDRARATNA B. Design for grouted rock bolts based on the convergence control method. Int. J. Rock Mech [J], Min. Sci. &Geomech. Abstr. 1990, 27(4): 269-281.

[118] DULACSKA H. Dowel action of reinforcement crossing cracks in concrete [J]. Am. Concrete Inst. , 1972, 69(12): 754-757.

[119] 杨双锁,康立勋.锚杆作用机理及不同锚固方式的力学特征[J].太原理工大学学报,2003,34(05):540-543.

[120] 杜丙申.千米深井软岩巷道围岩破坏机理及其控制技术[D].北京:中国矿业大学(北京),2013.

[121] 马刚,周伟,常晓林,等.锚杆加固散粒体的作用机制研究[J].岩石力学与工程学报,2010,29(08):1577-1584.

[122] 许国安,靖洪文,张茂林,等.支护阻力与深部巷道围岩稳定关系的试验研究[J].岩石力学与工程学报,2007,26(增2):4032-4036.

[123] 黄志忠.深井巷道矿压显现规律以及支护方法探讨[C].全国煤矿千米深井开采技术[s. l.]:[s. n.],2013:7.

[124] 马念杰,刘少伟,李英明.基于地应力的煤巷锚杆支护设计与软件研究[J].煤炭科学技术,2004(02):27-30.

[125] 马念杰,吴联君,刘洪艳,等.煤巷锚杆支护关键技术及发展趋势探讨[J].煤炭科学技术,2006,34(5):77-79.

[126] 康红普.煤矿预应力锚杆支护技术的发展与应用[J].煤矿开采,2011,16(3):25-31.

[127] 严红,何富连,张守宝,等.垮冒煤巷顶板模拟分析与支护研究[J].煤炭科技,2010,36(10):43-47.

[128] 刘波涛,高明仕,闫高峰,等.锚杆(索)让压装置作用原理及力学特性实验研究[J].金属矿山,2011,420(06):127-129.

[129] 郭志飚,李乾,王炯.深部软岩巷道锚网索—桁架耦合支护技术及工程应用[C].中国软岩工程与深部灾害控制研究新进展[s. l.]:[s. n.],2013,4.

[130] 张益东.桁架锚杆与普通锚杆对顶板的不同支护作用[J].矿山压力与顶板管理,1999(3):159-161.

[131] Lowndes I S, Yang Z Y, Jobling S, et al. A parametric analysis of a tunnel climaticprediction and planning model [J]. Tunnelling and Underground Space Technology,2006(21): 520-532.

[132] LIU H Y, SMALL J C, CARTER J P, et al. Effects of tunnelling on existing support systems of perpendicularly crossing tunnels [J]. Computers and Geotechnics, 2009(36): 880-894.

[133] ADAM J, URAI J L, WIENEKE B, et al. Shear localisation and strain distribution during tectonic faulting—new insights from granular flow experiments and high resolution optical image correlationtechniques [J]. Journal of Structural Geology,2005(27): 283-301.

[134] MARK ANDRKE, GUTSCHER,NINA KUKOWSKI. Material transfer in accretionarywedges from analysis of a systematic series of analog experiments [J]. Journal of StructuraGleology, 1998(8): 80-84.

[135] ZANGERL C, EVANS K F, EBERHARDT E, et al. Consolidation settlements a-

bove deep tunnels infractured crystalline rock: Part 1-Investigations above the Gotthard highway tunnel. International [J]. Journal of Rock Mechanics & Mining Sciences ,2008 (45): 1195-1210.

[136] JO LOHRMANN, NINA KUKOWSKI, JURGEN ADAM,et al. The impact of analogue materialproperties on the geometry kinematics and dynamics of convergent sand wedges [J]. Journal of Structural Geology,2003(25): 1691-1711.

[137] 冯林杨.深井巷道支护技术应用研究[J].山东煤炭科技,2012(02):119-121.

[138] 叶平.清水营煤矿软岩巷道锚注支护技术研究[D].西安:西安科技大学,2012.

[139] 董方庭.巷道围岩松动圈支护理论及应用技术[M].北京:煤炭工业出版社,2001:31-32.

[140] 靖洪文,李元海,梁军起,等.钻孔摄像测试围岩松动圈的机理与实践[J].中国矿业大学学报,2009,38(5):645-650.

[141] 李斌.应力解除法地应力测量及其应用实例[J].矿业装备,2014(04):108-109.

[142] 李为腾.深部软岩巷道承载结构失效机理及定量让压约束混凝土拱架支护体系研究[D].济南:山东大学,2014.

[143] 刘海源.蒲河矿软岩巷道围岩控制机理及协调支护技术研究[D].北京:中国矿业大学(北京),2013.

[144] 李国富.高应力软岩巷道变形破坏机理与控制技术研究[J].矿山压力与顶板管理,2003,50(02):50-52,118.

[145] 杨建飞.深部开采冲击地压的能量聚积分析及应用[D].青岛:山东科技大学,2008.

[146] 何满潮.煤矿软岩工程与深部灾害控制研究进展[J].煤炭科技,2012(03):1-5.

[147] 何满潮,郭志飚.恒阻大变形锚杆力学特性及其工程应用[J].采矿与安全工程学报,2014,33(07):1298-1309..

[148] 何满潮,谢和平,等.深部开采岩体力学研究[C].中国软岩工程与深部灾害控制研究进展-第四届深部岩体力学与工程灾害控制学术研讨会暨中国矿业大学(北京)百年校庆学术会议论文集[s. l.]:[s. n.],2009.

[149] 张晓宇,何满潮.大强煤矿深井软岩马头门支护技术[J].黑龙江科技学院学报,2013,23(3):149-153.

[150] 冯豫.我国软岩巷道支护的研究[J].矿山压力与顶板管理,1990(02):43-44.

[151] 陆家梁.软岩巷道支护原则及支护方法[J].软岩工程,1990(01):45-46.

[152] 郑雨天.关于软岩巷道地压与支护的基本观点[C].软岩巷道掘进与支护论文集[s. l.]:[s. n.],1985.

[153] 朱效嘉.锚杆支护理论进展[J].光爆锚喷,1996(01):5-12,19.

[154] 刘海源.蒲河矿软岩巷道围岩控制机理及协调支护技术研究[D].北京:中国矿业大学,2013.

[155] 余伟健,王卫军,黄文忠,等.高应力软岩巷道变形与破坏机制及返修控制技术[J].煤炭学报,2014,39(04):82-85.

[156] 李冲.软岩巷道让压壳—网壳耦合支护机理与技术研究[D].北京:中国矿业大学(北京),2012.

[157] 万首强.埋深超千米的高应力软岩巷道综合支护技术研究与实践[D].包头:内蒙古科技大学,2012.

[158] 张新,马婧.岩石质量指标(RQD)在钻孔岩石质量评价中的应用[J].西部探矿工程,2012(07):124-125,129.